ZUR

FREUNDLICHEN

ERINNERUNG

AN DIE TAGE

IM

NORDSEEHEILBAD

WESTERLAND

*

ÜBERREICHT DURCH:

Petersen

KURDIREKTOR

SYLT-FÜHRER

für die Inseltage herausgegeben

von FRITZ FUNKE

mit Illustrationen von Eric Godal

CHRISTIAN WOLFF VERLAG · FLENSBURG

„Sylt-Führer" 1. bis 10. Tausend - Herausgeber Fritz Funke, Keitum / Sylt - Druck: Christian Wolff, Graphische Betriebe G. m. b. H., Flensburg - Umschlagentwurf und Illustration: Eric Godal, Hamburg - Redaktionelle Mitarbeiter: Paul Broszio, Hubertus Jessel, Peter Klahn, Dr.-Ing. H.-O. Lamprecht und Dr. med. Bodo Schütt. Aufnahmen: Bleicken (6), Hansa-Foto (4), Hartig (3), Raasch (2), Cramers Kunstanstalt (2), Bräuner (2), Georgi (1), Hentzschel (1), Muschner (2), Dr. Rebentisch (1), Schmölcke (1), Dr. Struve (1), und Archiv (1). - Nachdruck, auch einzelner Teile, bedarf der Genehmigung. - Copyright 1957. - Christian Wolff Verlag, Flensburg.

ALLES ÜBER SYLT

INHALTSVERZEICHNIS

TEIL 3   *Urlaubsgestaltung und Saisonprogramm*

TEIL 4   *Das Lexikon der Insel*

VERZEICHNIS DER BILDSEITEN

TEIL 1

DER
BÄDERCHARAKTER
DER INSEL

Zur Einführung

Königin der Nordsee

Den anspruchsvollen Titel „Königin der Nordsee" verdankt die nördlichste deutsche Bäderinsel nicht allein der Tatsache, daß sie die stärkste Konzentration insularer Kurorte darstellt — von denen jeder noch dazu sein eigenes Gesicht besitzt —, entscheidend für diese Namensgebung sind vor allem die naturgegebenen landschaft= lichen und klimatischen Schätze der Insel, dann aber auch die Art und Weise, wie man dieses Landschaftsmilieu mit einer lebensfrohen Atmosphäre erfüllt, in deren Mittelpunkt die erstaunlich vielseitige Metropole Westerland mit ihrer hundertjährigen Seebadtradition, einem internationalen Ruf und mit heute modernsten Einrichtungen eines Heilbades liegt.

Vier Wege führen nach Sylt

Sie können wählen: Eisenbahn, Schiff, Auto oder Flugzeug! Über Hamburg, das südliche Einfallstor nach Schleswig=Holstein, oder aber aus dem Norden, über Flensburg, bringen schnelle Züge der Bundesbahn den Sylt=Besucher auf dem zwölf Kilometer langen Hindenburgdamm über das Meer bis in den Inselmittelpunkt Westerland.
Dem Autofahrer bieten sich drei Anmarschwege zur Wahl: die Westküstenstraße, durch die fruchtbare Landschaft Dithmarschen und die reizvollen Kreisstädte Heide und Husum — der mittlere Weg, auf der Europastraße 3 durch die „Kanalstadt" Rendsburg, die „Domstadt" Schleswig und die „Rumstadt" Flensburg — und der östliche Weg, über die Autostraße nach Lübeck, durch die „Holstei= nische Schweiz" und die Landeshauptstadt Kiel nach Norden. Alle Autostraßen enden in Niebüll, wo man den Wagen in die Garage stellt oder ihn auf den Autozug der Bundesbahn fährt — zum Transport nach Sylt.
Wer die Fahrt in den Sommer mit einer Seefahrt verbinden will, benutzt ab Hamburg einen modernen deutschen Seebäderdampfer,

der auf der Route St.=Pauli=Landungsbrücken—Cuxhaven—Helgo=
land—Sylt den Südhafen Hörnum ansteuert.

Der letzte und jüngste Reiseweg ist der Flug nach Sylt. Der Wester=
länder Flughafen ist seiner Kapazität nach jeder Anforderung ge=
wachsen. Wegen derzeitiger Inanspruchnahme durch Luftstreitkräfte
empfiehlt es sich für Interessenten aber, rechtzeitig genaue Infor=
mationen über bestehende Flugmöglichkeiten einzuholen.

Reise= und Kurzeiten

Die „Saison" auf Sylt umfaßt im allgemeinen die Monate Mai bis
September. In dieser Zeit ist vor allem das Strand= und Badeleben
vom Wetter begünstigt. Während die Hauptsaison in die Zeit der
Schulferien, von Mitte Juni bis Ende August, fällt, werden die
Monate Mai und September wegen ihrer besonderen Wetter=
beständigkeit und der geringeren Betriebsamkeit von erholungs=
bedürftigen „Kurgästen" bevorzugt. Von ärztlicher Seite wird sogar
oft den Herbst= und Winterkuren an der See der Vorzug vor einer
Sommerkur gegeben; denn je mehr Sonnen= und Seebäder im
jahreszeitlichen Lauf an Bedeutung verlieren, um so mehr treten
die heilkräftigen Wirkungen in den Vordergrund. Das Nordsee=
heilbad Westerland besitzt zudem die erforderlichen Einrichtungen,
die während der Herbst=, Winter= und Frühjahrskuren die An=
wendungsmöglichkeit für natürliche und zusätzliche Kurmittel
garantieren. Ärztliche Konsultation ist in diesen Fällen jedoch
unerläßlich.

Der eigenartige Charakter Sylts

Auf Sylt kann jeder nach seiner Fasson Ferien machen. Das gilt
schon für die Wahl des Quartiers: im alten, traulichen Friesen=
gehöft, im modernen Siedlungshaus, im „Häuschen zum Allein=
bewohnen", in der familiären Pension oder im komfortablen Hotel.
Das gilt nicht weniger für das Strand= und Badeleben: im Milieu
der Strandburgen und Strandkörbe am Zentralstrand, in dem zu
jedem Sylter Seebad gehörenden „Strandabschnitt für Freikörper=
kultur", oder am paradiesisch ruhigen Plätzchen „Irgendwo". Und
das gilt schließlich für den Sommerabend auf Sylt, der bemerkens=

11

wert zahlreiche Möglichkeiten der Erbauung oder der frohen Ge=
selligkeit bietet.

Das seltsame Landschaftsmosaik, das von einem Punkt der Insel
zum anderen und von einer Tageszeit zur anderen Gesicht und
Farbe wechselt, begeistert alle Naturfreunde und lädt zu Wan=
derungen und Fahrten über die Insel ein. Heide, Dünen, grünes
Marschenland, Hochkliffs, Wald und federnde Wattwiesen sind ein
ideales Fleckchen Erde für stille Wege und erlebnisreiche Ausflüge
in eine unverfälschte Natur.

Neben der ausgedehnten, unberührten Dünenlandschaft, die jeden
Verkehrslärm von der Strandzone fernhält, ist der Sylter Strand
selbst in seiner Länge von vierzig Kilometern und in seiner un=
gewöhnlichen Feinheit ein kleines Naturwunder für sich. Und vor
diesem einzigartig schönen Strand rollt eine Brandung, von der
man sagt, sie sei die höchste, die kräftigste und die beständigste
der deutschen Seebäder. Seiner exponierten Lage vor der Küste
verdankt Sylt Brandung und reines Hochseeklima.

Besonders reizvoll für den Sylt=Fahrer sind auch die auf engstem
Inselraum vorhandenen und bis heute sichtbar gebliebenen zahl=
reichen prähistorischen Stätten, Hünengräber, alte Siedlungsspuren
und hochinteressante geologische Fundgruben. Schließlich ist es das
lebendige Sylter Friesentum, das trotz starker zivilisatorischer Ein=
flüsse seine Widerstandskraft bewahrt hat und in Sprache und Brauch
bis in die Gegenwart für den Charakter der Insel mitbestimmend
geblieben ist.

*

Dieses Büchlein möchte Sie nun mit der Insel Sylt, ihren Vorzügen
und ihrer Eigenart näher bekannt und möglichst vertraut machen.
Es will Ihnen die Wahl Ihres Ferienplatzes erleichtern und die
besonderen Möglichkeiten der Erholung und der Urlaubsgestaltung
auf Sylt aufzeigen. Beste Sylt=Kenner haben in dieser Zielsetzung
mitgewirkt, ein vollständiges Bild der Insel zu zeichnen. Möge der
Sylt=Führer neue Sylt=Freunde gewinnen.

Sieben auf einem Floß aus weißem Sand

Nordseeheilbad Westerland

und der Kranz der Inselbäder

Das gilt für alle sieben, für die *Inselbäder auf Sylt.* Sie liegen und sonnen sich und freuen sich des Daseins auf einem riesenhaften „Floß aus Sand", auf einer langgestreckten Insel mit absonderlich spindeldürren Armen, die am Wogenufer blaugrüner Meer=Unend= lichkeit Anker warf.

Gischtende Brandung und der harfende Wind der See haben diesen glitzernden Sand zusammengekehrt zu Buckeln und Hügeln und zum bizarren Gebirge der wandernden Dünen. Vor ihrer wunder= lichen Mondlandschaft (mit den Sonnentälern!) liegt ein voll= kommener Strand, frei und breit und schier grenzenlos.

Dieser Strand hat die beste Putzfrau der Welt: Immer, wenn Voll= mond war, und nach jedem Neumond, dann kommt auf türkis= blauen Brandungsbrechern die „Springflut vom Dienst" angeritten. Sie spart nicht mit Wasser, hoch hinauf bis an den Saum des Dünen= halms schwappen ihre fürwitzigen Wogenzungen. Sie ebnet das Tausenderlei=Muster aller Barfußspuren und Sandkuchenbäckerei; sie putzen den Tummelgrund mit den opalenen Wischtüchern der verwehenden Schaumflocken und hinterlassen ihn blitzsauber und morgenfrisch.

So makellos wie dieser schamponierte Meeresstrand — im Tau der Frühe jungfräulich und erquicklich wie ein Sommermorgen —, so liegen auch die sieben Inselbäder in der Sylter Sonne. Sie sind jung, sind springlebendig und unternehmungsfroh; sie dienen mit be= geistertem Eifer ihrer großen Aufgabe: naturnahe Heimstatt zu bieten für unbeschwerte, herzerfrischende Ferien.

Rückblick auf die Badegeschichte Sylts

Halt mal eben, da protestierte jemand: Jung? Ob ich denn nicht gehört hätte, daß Westerland schon die Hundertjahrfeier als Bad begangen hat?

Zugestanden! Aber was war denn schon der Inhalt der ersten Jahr=
zehnte? Mehr ahnende als wissende Ärzte gaben den Anstoß; der
Badekarren kam ins Rollen und lief schlecht und recht weiter. Und
dann: Ein wenig Neugier, ein wenig Übermut und ein wenig
Gesehenwerden=wollen; ein wenig Brandungsbade=Eifer mit ge=
ziemendem Beifall aus den Logen der Strandburgen; ein wenig
„Gut gebräunt sieht so gesund aus!" und die Sensation des ersten
Familienbades (das viel mehr Aufsehen erregte als später alle Nackt=
badestrände zusammen!); ein schneidiger Kurdirektor als Grüß=
michel und auf jedem Parkett unschlagbarer Maître de plaisir.
Bankiers, Geistesgrößen aller Musen und Fakultäten, exklusiver
Hochadel und die Angehörigen königlicher und kaiserlicher Häuser,
die gleich auf Familienkarte anreisten, bewirkten schließlich den
Sprung zum „Weltbad".
Und ohne daß man eigentlich so recht wußte, wieso und warum
(denn gar so furchtbar ernst nahm man die Bade=Medici damals
noch nicht!), schlug alles prächtig zum Besten ein. Auch ohne bio=
klimatische Spurenelemente=Messungen genasen die „weniger an=
geschlagenen" Kurgäste jener glücklicheren Zeit an Leib und Seele.
Aber noch nicht einmal nach dem ersten Weltkrieg, als die Zahl der
Besucher sich mit der Eröffnung des Inseldamms (1927) ver=
doppelte; — erst vor zehn Jahren eigentlich ging Westerland, die
Inselerste, bewußt und mit allem Nachdruck daran, aus dem Bad
für die „Welt" ein Bad für den Menschen zu machen: ein Heilbad,
das allen denen helfen soll, die durch die Belastungen und Ent=
behrungen des Krieges, durch das Sorgen=Vielerlei und die Hatz=
hetze unserer Zeit an ihrer Gesundheit und Leistungsfähigkeit
Schaden erlitten. — So jung ist Westerland!

*

Die anderen sechs Inselbäder aber steckten, als Westerland 1905
mit allem Glanz und Gloria die fünfzigste Saison feierte (zu der
man ihr als Angebinde die Stadt=Gerechtsame überreichte!), noch
in den Kinderschuhen.
Westerland (heute fast 9000 Einwohner) meldete damals: 2100
Seelen, 105 Pferde, 193 Rinder, 613 Schafe, 44 Wohnungen, einige
Hotels ersten Ranges und „vortrefflich eingerichtete Wohnhäuser
für alle Lebensverhältnisse".

14

Wenningstedt, Kampen und Braderup bildeten mit insgesamt 354 Einwohnern die Landgemeinde „Norddörfer". Wenningstedt: drei Hotels und ein Gasthaus; das Heidedorf Kampen: ein neues Kurhaus.

Auf dem Südzipfel der Insel ernährten sich 31 Rantumer von See= fahrt, Fischerei, Schafzucht und — Strandgut. Von Badegästen hatten sie noch nichts vernommen. — Hörnum: ein Bahnhof an der Südspitze, zur Gemeinde Rantum gehörig.

Und endlich: Keitum (nebst Munkmarsch) — das ist schon ein statt= liches Friesendorf mit 880 Einwohnern und vier Wirtschaften. Die Feierabend=Unterhaltung bei der glüh=heißen „Sylter Welle" geht jedoch immer noch über Gräsung, Obstbau und Wollpreise, über die Wattenfischerei auf Schollen, Zungen und Aale und die neuen Grundharken der Austernfischerei; oder man horcht auf das zünf= tige Garn, das die vierzig Schiffskapitäne spinnen, wenn sie wieder einmal von großer Fahrt zurückkehrten; aber kaum jemals spricht man von den kuriosen Binnenländern, die im Seewasser baden und noch zuzahlen dafür ...

Westerland — Mittelpunkt und modernes Heilbad der Insel

Westerland, das Heilbad der Insel, hundertjährig und doch immer= dar tätig und jedem Fortschritt zugetan, wuchs schnell heran. Aus seinen hundert Besuchern des Gründungsjahres wurden fast vierzig= tausend Gäste im Jubiläumsjahr 1955. Westerland ist nach der Eisen= bahnreise über den Sylter Damm die Endstation, an der acht D=Züge täglich, nach der erregenden Fahrt durch das Meer, ihre Last an ferienhungrigen Menschen ausladen, und es ist auch die Dreh= scheibe allen Inselverkehrs.

Schon wenn er den Bahnhof verläßt, spürt der Sylt=Reisende alles vergnügliche Drum und Dran, das nun einmal zur heiteren Atmo= sphäre eines weltgewandten und in Gastlichkeit wohlerfahrenen Badestädtchens gehört. Helle, freundliche Straßen mit Klinker= steigen; liebenswürdige Anlagen mit bunten Blumenbeeten; blank und gepflegt die Bauten. Und wie gelockert und ungezwungen sind doch die Menschen, die den von ergötzlichen Bazaren und eleganten Auslagen gesäumten Weg zum Strand beleben.

Dort dann endlich bietet sich von hoher Terrasse aus ein erster

Blick über eine Kurpromenade, die an Großzügigkeit und Weite
ihresgleichen sucht, auf das gesellig=frohe Badetreiben am Burgen=
strand und auf das blaugrün wogende Meer.

Man wohnt in Strandnähe in Hotels mit gültigem Service, in
schmucken Familienhotels und Badepensionen oder (nur fünf Mi=
nuten von allem lebhaften Treiben entfernt!) im stillen Frieden
eines von Findlingsmauern umgürteten Gartens voll bunter Bauern=
blumen im rethgedeckten Friesenhaus.

Bei der Kurzweil an Strand und Badeufer, bei Sport und Spiel und
Wettbewerben, beim Bummel über die Kurpromenade und bei den
mancherlei geselligen und gesellschaftlichen Ereignissen, die den
Abend füllen (hierbei sei nicht vergessen, an die Spielbank zu
erinnern, die „Deutschlands intimste Spielbank" genannt wird),
wächst das Westerländer Strandvolk aus vielen Nationen unver=
sehens zu einer großen Familie zusammen.

Westerland ist aber nicht nur ein Hort des Frohsinns und des ele=
ganten Treibens, es verfügt über vorbildliche Kureinrichtungen,
denen es das Recht verdankt, sich Heilbad zu nennen. Nur die
wichtigsten Einrichtungen seien genannt: das Kurbadehaus mit
seinen vielseitigen Kurmitteln (darunter neuerdings das Meeres=
schlickbad!), die nach modernsten architektonischen und medi=
zinischen Gesichtspunkten errichtete Kur=Liegehalle, die Brunnen=
halle für die Meerwasser=Trinkkuren und das weitbekannte Nord=
see=Sanatorium.

Familienbad
Wenningstedt=Braderup

Westerlands Nachbar im Norden, Wen=
ningstedt=Braderup, zählt etwas mehr als
tausend Einwohner. Sie leben in einem
zwiegeteilten Ort: das muntere Bade=
städtchen thront an der Seeseite im
Schutz eines schmalen Dünen=Ringel=
reihens auf der Kante des Roten Kliffs;
das anmutig=trauliche Friesendorf dage=
gen liegt am Heidehang des Watten=
ufers. In Wenningstedt: freundliche
Häuser in modernem Stil, Hotels, Pen=
sionen und Sommerhäuser; in Braderup: rethgedeckte Friesen=
häuser, verträumte Dorfwinkel, federnde Steige über Wattenwiesen.
Wenningstedt ist ein ruhiges Familienbad mit vielen treuen Gästen,
die Jahr für Jahr und teilweise schon über Jahrzehnte wiederkehren.
Sie schätzen das Glück in der Stille, das „Sich=Zuhause=Fühlen" in
mehr ländlicher Geborgenheit. Sie freuen sich des Eifers, mit dem
die Einwohner sich um jeden Gast bemühen und um den Ausbau ihrer
Kureinrichtungen besorgt sind: Wenningstedt verfügt gleich über
zwei Strandpromenaden: die „Kommandobrücke" am Saum des steil
über dem Meer aufragenden Roten Kliffs und die Wandelbahn
unmittelbar vor dem Strandtreiben zu seinen Füßen. Die neue Kur=
halle bietet Raum für besinnliche und gesellige Stunden, fürs
Ferienbriefe=Schreiben und für die Meerwasser=Trinkkuren.

Kampen — Seebad mit Atmosphäre

Mit Wenningstedt teilt sich *Kampen* in das Rote Kliff, dieses aben=
teuerlich über Meer und Strand ansteigende Steilufer. Kampens
Kurhaus auf der Höhe (und einige wenige Hotels in seiner Nach=
barschaft) schauen gleich *auf zwei Meere:* auf die brandende See
im Westen und auf das sanftere Watt im Osten.
In Kampen gibt es kaum einen Dorfkern. Seine alten Friesenhäuser
und alle stilgerechten Neubauten liegen weithin über die Heide=
hänge verstreut, mit freiem Blick auf das Meer hüben und drüben,

19

auf Dünen, Wattwiesen und Vogelkojen=Hölzung. Dies Kampen nimmt vielleicht eine Sonderstellung unter allen deutschen Bädern ein. Hier siedelten und sammelten sich Maler, Bildhauer, Schrift= steller, Gelehrte und ihre Freunde. Hier knistert und funkelt eine unverwechselbare intellektuell=kapriziöse Atmosphäre.

Die Kampener haben übrigens 1956 für eine beachtliche Vervoll= kommnung ihrer Kureinrichtungen gesorgt. Das „Kaamp=Hüs" ist ein stattlicher, rethgedeckter Neubau, der den sehr geschätzten „Kampener Kammerkonzerten" einen würdigen Rahmen gibt und auch die Unterhaltungsräume und die Verwaltungsbüros des Bades beherbergt.

List — nördlichstes deutsches Seebad

Am Rande grandioser Dünengebirge, im Schutz seiner Täler und noch auf den letzten Kuppen, die gegen das Wattenufer wandern, liegt List, Deutschlands nördlichstes Seebad. Hier wohnt der Bade= gast bestens umsorgt und vergnügt, wie der Einsiedlerkrebs im Gehäuse der Wellhornschnecke. Denn: nicht für *ihn* wurden die freundlichen Reihenwohnungen und die schmucken, strohgedeckten Friesenhäuser gebaut, in denen er preiswertes Quartier findet, son=

dern als Dienst= und Offizierswohnun=
gen für die Angehörigen des alten See=
fliegerhorstes.

Man rückt also etwas näher zusammen
beim Wohnen, ist dafür aber unum=
schränkter Herr über drei Küsten rund
um die Nordspitze (im Westen steht als
Stützpunkt des Bades die Strandhalle
auf hohem Dünenhang!) — man ist Herr
über ein Zaubergebirge, über eine aus Sand gebaute, im Winde
wandernde Wüstenei voller Mondeinsamkeit, voller Sonnenkessel —
urwüchsig und feierlich groß.

List ist Ausgangspunkt für herrliche Ausflugsfahrten, nicht nur
über die Insel, sondern auch über das Meer. Wellenreiten, Seehunds=
jagden und Seefahrten bis in das benachbarte dänische Ausland
bieten ungewöhnlich viel Abwechslung.

Hörnum — Sylts sonniger Süden

Wesensverwandt dem Nordbad der Insel ist in mancher Hinsicht
der lustige Hafen= und Badeort *Hörnum*, das „Schlußlicht" im
sonnigen Sylter Süden. Auch hier suchen weitaus die meisten Gäste
ihr Ferienquartier in den modern ausgestatteten, der heimatlichen
Bauweise angeglichenen Wohnhäusern, die einstmals als Seeflieger=
Siedlung gebaut wurden. Diese Siedlung ist unter geschickter Aus=
nutzung des Geländes so weitläufig angelegt, daß man beinahe vor
jedem Haus auch ein kleines Plätzchen „Privatdüne" findet.

Als angenehm empfinden es die Badegäste Hörnums, daß es einen
echten Mittelpunkt des Ferienortes gibt, eine hübsche Promenade mit
fröhlichen Blumenrabatten. Hier trifft man sich, hier promeniert
man, von hier aus sind es drei Schritte zum Hafen, fünf über den
Plattenweg zum Badetreiben am schönen Weststrand
und sieben am hohen Leuchtturm vorbei in
die Düneneinsamkeit von Hörnum=Odde.
Das bunte Treiben am Hafen bei der
Ankunft eines der neuen schmucken See=
bäderdampfer zieht jedesmal viele Schau=
lustige an. Der weitere Ausbau Hörnums

aber ist gekennzeichnet durch die neuen Anlagen am Strandweg, wo seit 1957 unter anderem Lese= und Aufenthaltsräume für Kurgäste, Büroräume für die Gemeinde= und Kurverwaltung und moderne Geschäftsbauten entstehen.

Rantum —
Dornröschen unter den Inselbädern

An der schmalsten Stelle der Insel (und ihres Südzipfels) lockt das ruhige *Rantum*, das Dornröschen unter den Inselbädern, aber ein blitzgescheites Kind: Hier gibt es keine Enge; weitläufig verstreut liegt das neue Rantum am Rande der Wattwiesen. Es greift hinein in den Bereich der Dünen, setzt seine Häuser in behutsamer Isolierung in die krähenbeerdunklen Täler, stellt sie malerisch an die halm= grünen Hänge. Das neue Kur= und Gemeindehaus bildet den har= monischen Schwerpunkt dieser weitgestreuten Gemeinde.

In einer Hinsicht ist Rantum einzigartig: an keinem Platz hat man das alles so nahe zusammen, die Weite der See, die Brandung und den breiten Strandgrund, die Dünenketten mit ihren Sonnenmulden und den moorigen Gründen, die federnden Wattwiesen voller Wermutduft und Halligflieder und den zärtlichen Saum des Watten= meeres.

Keitum — Grünes Herz der Insel

Ganz, ganz anders begegnet uns die siebente der Inselbad=Schwestern: das in schattendes Baumgrün geduckte *Keitum* — das schönste aller Frie= sendörfer. Es ist voller lauschiger Wege und idyllischer Winkel. Jedes Haus liegt im Schutze des steingesetzten Ringwalls, dessen Gebüsche den liebevoll gehegten

Garten prächtig gedeihen lassen; oft lugt nur der schmale weiße Giebel freundlich aus dem Grün heraus. Wohltuend umfangen uns die Stille und Geborgenheit dörflichen Friedens. Hier stehen die schönsten rethgedeckten Häuser Sylts, hier findet man die Stätten und Zeugnisse alten friesischen Volkstums, hier im „grünen Herzen der Insel".

*

Sieben Insel=Schöne auf einem Floß aus weißem Sand! Wem gebührt der Preis? — Eine kluge Möwe namens Hannelore gab mir die salo= monische Antwort: „Möchtest Du wohl eine Farbe aus dem Regen= bogen lösen?"

Nicht anders ist es hier: Keiner der sieben Schönen gebührt die Krone, sondern der Inselheimat, aus der sie erwuchsen — dem schönen Sylt!

Sylter Spezialitäten

Aus dem Strand= und Badeleben der Insel

Im Jahre 1842 kam König Christian VIII. von Dänemark nach Westerland. Hier sah er, wie sich ein paar Sylterinnen „kühn" in die Wellen stürzten. Nun, dachte Seine Majestät, wenn diese Frauen das können, dann müßte man es auch einmal versuchen . . .
An Kurgäste war damals natürlich noch nicht zu denken. Wohl kamen dann und wann schon einige sommerliche Besucher auf die Insel, in erster Linie Kaufleute und Schiffsreeder, die beruflich mit Sylt in Verbindung standen und deshalb um die bis dahin noch unerschlossene Schönheit dieses Fleckchens Erde wußten. Aber erst 1855 gab Westerland, das bei weitem älteste der Sylter Bäder, zum ersten Male „Cur=Carten" aus, unter anderem an ein Fräulein Feddersen, das sich bei der Ankunft „nur an zwei Krücken fort= bewegen konnte, durch das Baden im Sylter Brandungsspiel jedoch so gestärkt wurde, daß es tanzend wieder abreiste". Man war einem Geheimnis dieser Insel auf die Spur gekommen, einer echten Sylter Spezialität.

Aus der Entwicklung der Bademoden und Badesitten

1850 hatte die Herzogin von Berry es zuerst gewagt, am Strand von Dieppe einen Badeanzug zu tragen — vielmehr noch ein Bade= kleid. Erst 1898 getraute man sich, von einem solchen Badekleid aus farbigem Kattun mit koketten Rüschen und Blenden und von langen schwarzen Badestrümpfen (!) abzuweichen. Die Männer waren damals schon wesentlich „fortschrittlicher". Sie trugen um die Jahr= hundertwende bereits Baumwolltrikots, meist quergestreift.
Von dem ersten gestrickten Damenbadeanzug im Jahre 1919 war es ein langer Weg bis zur Mode Josephine Bakers, die 1930 den Mut hatte, den tiefen Rückenausschnitt zu kreieren. Und drei Jahre später endlich bürgerte sich der Badeanzug ein, wie ihn die Damen — mit kleinen Abweichungen — heute noch tragen. Wenn sie überhaupt noch einen tragen!

Wenn jemand aus dem (1902 in Westerland gegründeten) Familien=
bad sehen würde, was sich heute am Strand abspielt, vielleicht
würde er beglückt aufjubeln. Oder aber er würde die Hände über
dem Kopf zusammenschlagen. Das „Familienbad" trug nämlich nicht
nur diesen Namen, es war auch tatsächlich nur Familien zugänglich.
Für Unverehelichte kein Zutritt! Und wenn dieses Familienbad in
der ersten Zeit seines Bestehens kaum besucht wurde, so lag das
daran, daß man sich erst die vorgeschriebenen Badeanzüge besorgen
mußte. Wegen der Moral . . .
Wie heißt es doch in dem von der „Direction der Badeanstalt" für
das Jahr 1865 herausgegebenen Reglement? „Der Damenstrand und
die angrenzenden Dünen sind während der Badezeit streng ab=
gesperrt." Und: „Die an den Dünen gelegenen Wege nach dem
Damen= sowie nach dem Herrenbade sind durch Wegweiser an=
gegeben."
Natürlich gab es in Westerland auch Badekarren: „Sobald die An=
zahl der Badegäste am Strande die Zahl der Karren übersteigt, wird
nach Nummern, die gegen Ablieferung der Badebillets verabreicht
werden, gebadet." Ebenfalls laut Reglement für 1865. So streng
waren die Sitten . . .
Ja, damals sah alles noch ganz anders aus. Da gingen die Damen
mit langen Schleppen an den Strand, die Herren in feierlichem
dunklem Anzug. Und die Buben spielten wohl schon so wie die
Kinder von heute, mit Schaufel und Eimer, aber sie trugen dabei
noch ihren schmucken Matrosenanzug mit langen wollenen
Strümpfen. Vorbei, vorbei. Die Erkenntnisse der modernen Medizin
haben nicht nur die Strandmoden gewandelt, sondern auch das
ganze Leben und Treiben an der See.

Vierzig Kilometer Strand

Man wird lange nach einem Strand suchen müssen, der in seiner
Weite, Schneeweiße und Steinfreiheit dem Sylter vergleichbar wäre.
In vierzig Kilometern Ausdehnung und oft über hundert Metern
Breite (die Skandinavier nennen ihn „Riviera des Nordens") und
in einer erhabenen Naturschönheit streckt er sich von List bis Hör=
num, allen Möglichkeiten des Strand= und Badelebens, des Sonnens,
Spielens und Wanderns Raum gebend. Übrigens wird an der ge=
samten Westküste weder das Strandtreiben noch das Seebaden

durch die Gezeiten beeinträchtigt. Man badet, völlig unabhängig von der Tide, zu jeder Stunde des Tages — oder auch der Nacht.

Jedes Seebad an der Sylter Westküste hat im Laufe der Jahre seinen eigenen FKK=Strandabschnitt, genannt „Abessinien", als Reservat eingerichtet, in dem es südsee=ungezwungen zugeht. Viele Evas (und Adams) ziehen es allerdings vor, fernab der geselligen Frei= körperkultur ihr kleines Privat=Paradies am Ufer des großen Un= endlichen aufzutun; auch für sie bietet der endlose Strandsaum der Insel genug an Abseits und sonniger Stille.

Strandburg und Strandkorb gehören zum ferienfrohen Bild. Wäh= rend sich die Strandkörbe vor allem an dem jeweiligen Hauptbade= strand in Ortsnähe konzentrieren und dort ein besonders farben= prächtiges buntes Allerlei schaffen (natürlich: Sie können Ihren Strandkorb auch in das entlegenere Abessinien mitnehmen), zieht sich die Kette der Strandburgen nahezu lückenlos von Nord bis Süd. Burgenbauen — eine Ferienbeschäftigung, aus der „Praxis" des Strandlebens entwickelt, ist heute zu einem amüsanten (und ge= sunden) Zeitvertreib geworden. In besonderen Wettbewerben können sogar hübsche, von den Kurverwaltungen gestiftete Preise gewonnen werden.

Sylter Brandung

Was der erstaunliche Gesundungsprozeß bei dem eingangs erwähn=
ten Fräulein Feddersen nur vermuten ließ, ist heute längst wissen=
schaftlich erhärtetes Urteil des Arztes geworden: Die Brandung
als außerordentlich wirksame Körpermassage ist ein hervorragendes
Kurmittel. Und in einer Stärke, wie man dieser Brandung auf Sylt
begegnet (als Folge der exponierten Lage der Insel), erlebt man sie
kaum ein zweites Mal an der europäischen Küste, allenfalls an der
südlichen Biscaya. Von nicht geringerem Wert ist die stark gewürzte
Brandungsluft am Flutsaum des Meeres, Balsam gewissermaßen
für die Atmungsorgane.

Wer jedoch erstmalig nach Sylt kommt, sollte beim Baden — beson=
ders in der starken Brandung — eine gewisse Zurückhaltung üben,
solange er die Badeverhältnisse noch nicht aus eigener Erfahrung
kennt. In jedem Fall empfiehlt es sich, den Ratschlägen oder auch
den Anweisungen des bestens informierten Sicherheitspersonals zu
folgen, das zur Verhütung von Badeunfällen von den Kurverwal=
tungen eingesetzt ist. Diese „Rettungsschwimmer" sind über die
durch Strömung, ablaufendes Wasser, hohe Brandung und durch
Buhnen auftretenden Gefahren genau im Bilde. Der Bruder Leicht=
sinn hat noch nie einen guten Eindruck gemacht, der sich nur des=
halb von den Rettungsschwimmern herausfischen lassen mußte,
weil er deren Rat mißachtete.

Was jeder wissen und begreifen sollte: Nicht in der Nähe der
Buhnen baden! Durch Wellenschlag oder Unterströmung kann der
Schwimmer unversehens gegen die Eisen= oder Betonbuhnen ge=
worfen werden.

Die große Dünenkette

Über die Dünen wird in diesem Büchlein aus mancherlei Anlaß
geschrieben. Sie sind in mehrfacher Hinsicht „typisch Sylt". Mit
geringen Ausnahmen bilden sie in unterschiedlicher Breite und Höhe
das große Niemandsland, das sich isolierend zwischen die Auto=
straßen der Insel und den weißen Kurpark=Strand geschoben hat.
Daher die Abgeschlossenheit und Ruhe des Strandlebens, das prak=
tisch von keinem Verkehrslärm oder =getriebe beeinträchtigt wird.
Mit ihren Abhängen und Mulden bildet diese Dünenlandschaft für

den Strandbesucher eine Zuflucht, die für jede Windrichtung und =stärke ihr ideales Sonnenplätzchen anzubieten hat. Das von einem Ort zum anderen wechselnde Gesicht der Dünen, ihr Konturen= reichtum und der sich häufig ändernde Bewuchs, mit Strandhafer, Heidekraut oder Krüppelkiefern, reizen so recht zum planlosen Herumstrolchen in Sonne und Wind — ein Nichtstun, das den ge= hetzten Großstadtmenschen am ehesten ins Gleichgewicht bringen kann.

Die Strandpromenade

Sie gehört nicht unbedingt zum Strandleben, auch nicht auf Sylt. Aber dort, wo man sie auf Sylt findet, ist auch sie wiederum eine Spezialität. In erster Linie trifft dies für die großartigen Kur= terrassen und Wandelbahnen Westerlands zu, dann auch für die Promenade hoch über dem Strandleben von Wenningstedt, für das gesamte, steil aufragende „Rote Kliff" zwischen Wenningstedt und Kampen und schließlich für die bescheidene, aber überaus idyllische Naturpromenade über dem „Grünen Kliff" in der Keitumer Wattenmeerbucht.
Die Westerländer Kurpromenade ist eine Sehenswürdigkeit und ein Erlebnis, namentlich in der berauschenden Schönheit eines Hoch= sommerabends, wenn der blutigrote Sonnenball unmittelbar ins Meer taucht und die Klänge des großen sinfonischen Kurorchesters durch die herrliche, würzige Abendluft über die Terrassen hinweg bis weit in die Badestadt dringen, wenn ein unentwegter Strom froher und elegant oder lässig gekleideter Sommergäste, plaudernd und dieses unbeschwerte Feriendasein genießend, am Meer entlang= zieht.

*

Jeder findet auf Sylt, was er sucht, vom mondänen Strandleben bis zur verträumten Inseleinsamkeit. „Ein Thema mit unzähligen Varia= tionen" hat Richard Strauß Sylt einmal genannt, als er seinen Urlaub hier verbrachte. Das war bereits vor etwa dreißig Jahren. Inzwischen hat die Zeit den damals schon vorhandenen immer neue Variationen hinzugefügt.

Mensch zwischen Sonne und See

Traktat über die vernünftige Ausnutzung der Heilfaktoren

und den Gebrauch der Kurmittel an der See

Luft, Sonne und Meer sind die wesentlichen Heilfaktoren einer Seeklimakur. Es wird aber aus diesen drei Elemen= ten und einigen kleinen Ge= würzen der Seele und Natur jene Trunkenheit gebraut, die wir den psychischen Faktor einer Erholung nennen. Die= ser Faktor kann fördernd oder störend wirken. Denn der Kur= mensch ist eine Metamorphose des Normalmenschen, die alle Empfindlichkeit und Arglosigkeit einer jungen Metamorphose zeigt. Sie liefert sich verzückt der neuen Welteinwirkung aus. Sie ist son= nensüchtig und wassergierig, um so mehr, je sonnen= und wasser= ärmer sie vorher gelebt hat. Wie aber jede Arznei ein Gift ist, das die Dosierung erst zum Heilmittel macht, so ist jede Naturkraft eine Bedrohung und wird durch die richtige Dosierung erst zur Heilkraft.

*

Die Möwen sitzen den ganzen Tag am Strand in der Sonne, und sie tut ihnen nichts. Das ist ihr Ort, ihr Milieu. Der Mensch ist kein Vogel, er hat keine Federn, kaum Haare, sondern nackte Haut. Als Normalmensch ist er außerdem bekleidet. Er muß sich also an die Sonne gewöhnen, wenn er zum Kurmenschen wird. Hierzu dienen Luftanzüge, Sonnenschutzsalben, das Dosierungsschema von

Pfleiderer: 1.   2.   3.   4.   5.   6. Besonnungstag

       30   30   45   60   120 240 Minuten Bestrahlungs=
                                        dauer ohne Schutzmittel

und Strandkörbe, die man je nach Bedarf auch in den Schatten drehen kann.

Wer zu lange in der Sonne liegt, bekommt zwar keine Federn, aber einen Sonnenbrand, der an den Unterschenkeln zu langdauernden Schwellungen, an den Lippen zu entstellendem, bläschenförmigem Ausschlag führen kann. Sonnenbrand macht neben Schmerzen auch Fieber, Schüttelfrost, Erregungszustände und Schlaflosigkeit. Übermäßige Sonnenbestrahlung aktiviert ruhende Krankheitsherde im Körper, Lungenprozesse, Rippenfellentzündungen und Anginen.

Es kann auch am Strande Situationen geben, in denen ein Mensch unruhig wird, Herzklopfen bekommt und anfängt zu schwitzen. Wenn er aber erkennt, daß diese Störungen nur seinem Bemühen, sich in der Sonne möglichst braunbrennen zu lassen, zuzuschreiben sind, so ist es Zeit, daß er aus der Sonne geht, etwa ins Wasser oder in den Schatten des Strandkorbes, in die Milchbar oder ins Café.

*

Einige Kurmenschen gehen mit Vorliebe nachts an den Strand. Das kann so zauberhaft sein wie im Theater, wenn die Bühne leer ist und man bei verhaltener Musik auf den nächsten Auftritt wartet. Leider sind es aber nicht immer ruhesuchende und naturselige Kurmenschen oder Liebende, die nachts die Strandkörbe bevölkern, sondern oft auch alkoholisiertes Publikum. Meistens beschließt man dann zu baden. Die Reaktion, baden zu wollen, sobald das Meer vor einem liegt, ist leider eine so allgemeine, daß sie häufig falsch ist. Eine Seeklimakur kann ganz ohne jedes Seebad den größten Heilerfolg haben. Bei nächtlichem Baden aber kommt es immer wieder zu Todesfällen. Das Meer ist eine elementarische Macht; es ist kühler als das Blut und gegenüber dem alkoholisierten Körper, dessen Regulationskräfte gelähmt sind, unangemessen kühl; es ist nachts unübersehbarer und ungewisser als die dunkelste Straße vor einer Bar. Wer nachts baden will, der muß jung sein und nüchtern oder wenigstens eins von beidem, oder ein Seehund.

Was nun die vernünftige Lebensweise und das Baden angeht, so hat der Seehund ein kurzes, dichtes Fell und ein dickes Fettpolster darunter; seine Blutzirkulation ist so reguliert, daß ein Wärmeverlust im Wasser nicht stattfindet. Sein Leib ist technisch für die Durchfurchung der Fluten, das Tauchen und Sichtreibenlassen makel=

los entwickelt. Der Mensch dagegen ist ein Landtier, wie der Frosch, der nur zur Laichzeit ins Wasser geht. Die Laichzeit ist cum grano salis die Badesaison. Was aber der Frosch treibt aus Natur, das übertreibt der Mensch aus Unnatur. Der Frosch ist ein Kaltblüter, ihn friert nicht. Der Seehund hat eine dicke, wenig durchblutete Fettschicht, deshalb friert ihn auch als Warmblüter nicht. Der Mensch hat zwar oft auch ein Fettpolster wie ein Seehund, aber seine Blutzirkulation ist auf die Luft eingestellt und nicht auf das Wasser. Deshalb sind Wasseranwendungen und Seebäder zwar heil= sam als Reiz, aber nur, wenn sie dosiert werden.

Wer Kälteschauer bekommt, wenn er aus dem Wasser steigt, der hat zu lange gebadet. Wer durch Blutstauung eine blaurote Haut bekommt, der hat ebenfalls zu lange gebadet. Wer unruhig und erregbar wird in der Kur — ohne einen sogenannten psychischen Faktor —, der hat zu oft gebadet.

Die Brandung ist eine wunderbare Massage für venöse Stauungen und Krampfadern in den Beinen, wenn sie dosiert wird. Seebäder sind ein gutes natürliches Mittel bei hohem Blutdruck, wenn sie vernünftig genommen werden. Deshalb nannte man die Seebade= orte einmal das Paradies der Arteriosklerotiker. Das Wort stammt aus jener Zeit, als die Generaldirektoren und Chefingenieure noch so alt wurden, daß sie eine Arteriosklerose bekamen, während sie jetzt vorher an Herzaderthrombose sterben. Es hat aber seine Rich= tigkeit mit diesem Wort; denn wir sehen immer wieder mit Staunen, wie gut Männer und Frauen zwischen 60 und 70 das Seeklima ver= tragen und welche Frische und Leistungssteigerung sie hier subjektiv und objektiv neu gewinnen.

*

Westerland ist als Heilbad um die Jahrhundertwende berühmt ge= worden. Warum? Weil man damals in Badeanzügen badete, die für unsere heutigen Begriffe zwar nicht nur unpraktisch, sondern grotesk und fast dämonisch wirken, die aber jede schädigende Sonneneinwirkung verhinderten, und weil man sich mit Badekarren in die See fahren ließ, kurz ins Wasser ging, huh sagte, wieder in den Badekarren stieg und sich ans Land fahren ließ; weil man außerdem die Einwirkung der Sonne auf den Teint durch einen Sonnenschirm oder einen breitkrempigen Hut verhinderte und weil man lieber wohlangezogen promenierte als badete. Man erholte sich aber tatsächlich oft besser als heute, ebenso wie man sich heute in sonnenarmen Sommern besser erholt als bei glühender Hitze.

Gleichviel aber, ob Arteriosklerose oder Managerkrankheit — wie wir uns unbewußt zerstören durch die Gifte und Spannungen der Zivilisation, so suchen wir bewußt den Schaden wieder auszu= gleichen durch Kuren an der See oder im Gebirge. Sehen wir zurück auf unsere Großväter. Wer dachte eigentlich damals daran, aus Erholungsgründen auf Reisen zu gehen, wenn ihn nicht etwa ein organisches Leiden, z. B. der Leber oder der Niere, dazu zwang? Heute rät jeder dem Nächsten: Fahren Sie zur Erholung. Das ist keine Reklamepsychose, das ist wirklich Notwendigkeit. Das ist der Fluch der Zivilisation. Früher kostete ein Fluch das Leben. Heute kostet er Geld, der Fluch ist zivilisiert worden. Wir sind träge ge= worden und verweichlicht. Man nennt das Domestikationsfolgen. Mit der Mastgans und dem Hausschwein fing es an und endete beim Menschen selbst. Alle dienen höheren Zwecken, aber sie fühlen sich nicht wohl dabei. Wir müssen zurück zur Natur, wenn auch aus Zeitmangel nur vier Wochen im Jahr.

Man kann aber nicht mit fünfzig oder sechzig Jahren aus einem Bürosessel oder Mercedes heraus wie ein Dünenhase am Strand herumspringen, ohne Herzklopfen und Atemnot zu bekommen. Man kann auch nicht eine halbe Stunde lang baden, wenn man es nicht gewohnt ist, ohne die Regulationen seines Körpers durch= einanderzubringen. Man bade bei großer Hitze lieber dreimal am Tage je fünf Minuten, als einmal zu lange. Die Kneippsche Regel: Wenn kalt, dann kurz und kalt, gilt auch für das Seebaden ohne Einschränkung. Da wir aber die Natur wie auch das Maß verlernt haben, sollten wir uns belehren lassen. Der Seehund sagt nichts. Er ist auch kein Beispiel dafür, wie Dicke an der See dünner werden durch Bäder und Bewegung, oder Dünne an der See dicker durch vermehrte Magensaftabsonderung und Hunger — er ist wohl= proportioniert und mit seiner eigenen und des Meeres Natur im Gleichgewicht. Sagen könnte vielleicht etwas der Arzt.

*

Der Arzt wird sagen, daß wichtiger als Sonnen= und Seebaden der möglichst vielstündige Aufenthalt in der Luft ist, dieser staub= und keimfreien, mit dem Dampf des Meeres angefüllten Luft, deren

unaufhörliche gelinde oder stärkere Bewegung die Nerven und Blut=
gefäße unserer Haut fortgesetzt zur Tätigkeit anregt.

Der Arzt wird sagen, daß zur Unterstützung der Seeklimakur das
Westerländer Kurbadehaus und das Nordsee=Sanatorium zur Ver=
fügung stehen, in denen alle Anwendungsmöglichkeiten der Meeres=
heilkunde vorhanden sind.

Es werden abgegeben warme Seewasserbäder zur allgemeinen Kräf=
tigung, zur Anregung des Stoffwechsels, zur Behandlung von Kreis=
laufstörungen, nervöser Erschöpfung, rheumatischen Leiden, Haut=
erkrankungen.

Es werden verabfolgt Schlickbäder und Schlickpackungen bei rheu=
matischen Leiden, Ischias, Hautleiden, Frauenleiden. Das Wester=
länder Kurbadehaus ist 1956 um ein spezielles Schlickbadehaus mit
modernster Einrichtung und Technifizierung erweitert worden.

Das Kurbadehaus bietet außerdem ein Inhalatorium, das 1956 durch
eine Ultraschall=Raum=Aerosol=Anlage ergänzt worden ist, für Er=
krankungen der Luftwege und Atmungsorgane.

Es bietet ein Russisch=Römisches Bad mit Heißluftraum, Dampf=
raum, Duschen und Seewasserbecken. Es bietet eine Einrichtung für
Kneippsche Hydrotherapie, in der Güsse und Teilbäder verabreicht
werden und von der aus in bestimmten Pensionen die Gäste mit
Waschungen und Wickeln behandelt werden können.

Außerdem werden im Nordsee=Sanatorium und im Kurbadehaus ab=
gegeben: Massagen, Bindegewebsmassagen, Heilgymnastik, Atem=
gymnastik, Lichtbäder, medizinische Bäder.

Wer die äußeren Kuranwendungen durch innerlichen Gebrauch des
Meerwassers unterstützen will, dem sei Westerländer Kurwasser
empfohlen.

Wer die Wirkung der klimatischen Faktoren abschwächen will, mag
es ihm zu heiß, zu kalt, zu sonnig, zu regnerisch oder zu windig
sein, der ruhe sich aus in der Westerländer Liegehalle, die 1953
auf der Düne neben dem Kurbadehaus und im Angesicht des
Meeres errichtet wurde.

*

Zum Schluß aber wird noch einmal der Seehund auftauchen, und
er wird mit seiner hohen, etwas brüchigen, molltönenden Stimme,
die merkwürdigerweise allem Getier und Gevögel der See eigen=
tümlich ist, sagen: „Was wissen eigentlich die Menschen vom Meer?

Sie tun hier wie überall als ob. Wenn sie sich dabei wohlbefinden, so liegt das an der Weisheit der Natur, an ihrer eigenen und der der Elemente, nicht an ihrer Vernunft."

Der Seehund hat recht. Die Meeresheilkunde ist, wie die gesamte Bäderheilkunde, entstanden aus der Erfahrung. Immerhin hat auch hier die Wissenschaft seit einigen Jahrzehnten Fuß gefaßt, und ihre vorderste und erfolgreichste Bastion ist die Forschungsstelle für Meeresbioklimatologie in Westerland. Hier wird von Professor Dr. Pfleiderer und seinen Schülern wichtige und praktisch ertragreiche Forschungsarbeit geleistet, und hier wird jährlich im Rahmen von Seminaren den Ärzten Gelegenheit zu einem Überblick über den neuesten Stand der Meeresbioklimatologie und Meeresheilkunde gegeben.

*Herzlich willkommen
im Inselsommer:*

Luftaufnahme vom
Burgenstrand vor
Westerland

Die „Gute Stube" Westerlands: Die berühmte Kurpromenade mit der großen Frei-
treppe, dem Musikpavillon (unten), den Kaffee-Terrassen, der Kongreßhalle, der
Brunnenhalle, den Lese- und Musikräumen, dem Strand-Casino und der kilometer-
langen Wandelbahn unmittelbar am Meer. Von der Promenade aus sind es zwei
Schritte zur Strandburg und zwei weitere zum erfrischenden Bad in der See (oben).

TEIL 2

INSELNATUR
UND
FRIESENTUM

Eldorado der Naturfreunde

Der Inselraum in Geologie, Klima, Flora und Fauna

Sylt — flutzernagte Insel im Norden Deutschlands, aufgebaut aus Meeressand und eiszeitlichem Geschiebelehm, auf Ur=Fundamenten aus Glimmerton, Limonitgestein und Kaolinsand, natürlicher Schild der schleswig=holsteinischen Westküste gegen die Angriffe der Nordsee, im Klimabereich des Golfstromes. —

Fast vierzig Kilometer erstreckt sich der weiße Inselstrand, gereinigt in millionenfältigem Wellenschlag der salzenen See. Elf Kilometer lang führt der Schienenweg über den *Hindenburgdamm* (1927 er=baut, fünfzig Meter breit und fast acht Meter hoch) durch das Wattenmeer und verbindet über die Endstation Westerland diesen einzigartigen Meeresstrand und fünfunddreißig Quadratkilometer Dünenwildnis mit der Außenwelt.

Der Inselboden

Ein bis siebenundzwanzig Meter hoher Geestrücken, Endmoräne der vorletzten Vereisung (vor 180 000 Jahren), bildet mit dem eleganten Kurort *Kampen*, dem hübsch gelegenen *Wenningstedt* und dem Weltbad *Westerland*, das sich in die südliche Marsch hinunterzieht, den Inselkern. (Westerland ist Nachfolgerin des im Meere versun=kenen *Eidum*. Es wurde 1436 gegründet.) Auf der Wattseite dieses Geestrückens liegt neben *Braderup* das bekannte Friesendorf *Keitum* im „grünen Herzen" der Insel.

Jäh fällt der Geestrücken nach dem Meere zu ab und bildet im Westen mit einer über zwanzig Meter hohen Steilküste die Natur=promenade des *Roten Kliffs* und im Osten das lieblichere *Weiße Kliff*. An den Abbruchkanten treten die Bauelemente des Insel=körpers zutage.

Von diesem Kernstück der Insel ziehen sich nach Norden und Süden zwei lange alluviale Nehrungshaken mit einer imposanten Dünen=welt, die der Wind bis zu sechsunddreißig Meter Höhe aufschaufelte, eingebettet darin die Jugendlager *Puan Klent* und *Klappholttal*, das

Dünendorf *Rantum* mit seinem wechselnden Geschick und die Häfen *Hörnum* und *List*. Hörnum mit Dampferverbindungen zu den Halligen und Nachbarinseln, nach Helgoland und Hamburg — und List als Sprungbrett nach Dänemark.

Fruchtbares, nacheiszeitliches Marschland schlägt mit seinen friesischen Ortschaften *Tinnum* und *Archsum* eine Brücke zum zweiten Geestrücken der Insel mit dem echt Sylter Bauerndorf *Morsum* und dem berühmten *Morsumkliff*, das — vom Meere aufgeschnitten — mit dreifach aufgefalteten mächtigen Schrägschichten von rot=weiß= schwarzer Tönung einen in Deutschland einmaligen Querschnitt durch 20 Millionen Jahre Erdgeschichte gibt: schwarzer miozäner Glimmerton aus der Tertiärzeit, in der Sylt Meeresboden war — roter Limonitsandstein aus dem Pliozän, in dem Sylt Brandungs= zone der Ur=Nordsee war — weißer Kaolinsand aus dem Pliozän, in dem Sylt Flußgebiet der baltischen Urstromlandschaft war — braunes Geschiebe aus der vorletzten Vereisung.

Das Inselklima

In der Badesaison regenärmer als Norddeutschland (etwa sechs Prozent), dazu sonniger als Hamburg (etwa dreizehn Prozent) und doch im herzhaften Strom frischer Meeresluft (durchschnittlich Wind= stärke drei bis vier) kühler als das sommerüberheizte Binnenland mit seinen schmorenden Großstädten, gibt das *insulare Seeklima* die idealen Voraussetzungen für jeden Erholungsuchenden.

Erst im Spätherbst setzen periodisch Stürme ein, die mit ihrer un= faßlichen Gewalt bis an das Frühjahr heran dem Landschaftsbild der Insel nach den bunten Sommermonaten mit all ihrem zivilisato= rischen Tand immer wieder den unmittelbaren Ausdruck urwüchsiger Gedrängtheit geben: Tosende Brandung am Fuß der Insel, pfeifen= der Sturmwind über Kliffkante und Dünenkuppe, brechender An= griff und brechende Abwehr am Uferschutz — immer wieder außer= gewöhnliches Erlebnis, selbst für die Einwohner Sylts.

Die Inselflora

Seltsames Land zwischen dem Meer und den Jahreszeiten: Im Frühjahr ginster=goldfarben aufblühend aus brauner Heide und

welken Moosen, umzittert vom Samenflaum der Kriechweide, junge
glühende Lebensboten auf dem sammetgrünen Teppich der Marsch=
wiesen, farbige Pracht in Gräben und an Wegrainen!

Im Sommer aus der Fülle aller Farbigkeit reizende Geschöpfe
schaffend: Arnika und Lungenenzian im Gebiet der Glockenheide,
neben dem Habichtskraut die Blutwurz, neben dem Läusekraut
Sonnentau, Katzenpfötchen, Knabenkraut und das Dünenröschen;
zwischen dem Strandhafer der Dünen breite Kolonien der Krähen=
beere und letzte Exemplare der Stranddistel; auf den Wattwiesen
die Salzflora, vom schlickbewohnenden Queller über den herben
Beifuß zur Statice, vom Strandsoda und Milchkraut zur stolzen
Strandaster, daneben das Wollgras und die bescheidene Grasnelke.
Und hat man ein Auge für sie, dann reißen die Entdeckungen, vom
Gänseblümchen am Anger bis zur Schattenblume im Wäldchen,
nicht ab.

Die Inselfauna

Und wie das Meer seine seltsamen Bewohner an das Ufer spült,
seine Sterne und Igel und Krabben, seine Moose und Schwämme
und Tange, seine Schnecken und Muscheln, seine großen und kleinen
Lebewesen, so fallen aus den Zugstraßen der Vogelwelt unzählige
gefiederte Gäste, über zweihundert Arten, für längeren oder kür=
zeren Aufenthalt in die Natur= und Vogelschutzgebiete der Insel ein;

und in den Dünen und Watten
herrscht mit Pfeifen und Ge=
schrei allezeit reges Leben.
Geschäftige Strandläufer, em=
sige Regenpfeifer, vorsichti=
ge Rotschenkel, selbstbewußte
Austernfischer, originelle Kie=
bitze und kreischende See=
schwalben beleben die Watt=
ufer. Zahlreiche Wildenten al=
ler Arten, stolze Brandgänse
und große Scharen „thinghal=
tender" Rottgänse bevölkern
das Wattenmeer; und von der
kleinen Sturmmöwe über die

Silbermöwe bis zur mächtigen Mantelmöwe segeln alle Arten im Aufwind der Dünen dahin.

*

So wird Sylt mit seinen breiten Sanden, seinen Steilküsten und Dünennehrungen, seinen Heiderücken, Halligwiesen und dem weiten Wattenmeer in stetem Gezeitenwechsel zum Eldorado aller Natur=freunde.

Rüm Hart — klaar Kiming

Ein Überblick über Geschichte, Kultur und Brauchtum

der Insel

Die Insel Sylt vereinigt auf engstem Raum eine ungewöhnlich große Zahl wertvoller Kulturdenkmäler aus fernster Vergangenheit. Rund viertausend Jahre alt ist der *Denghoog* bei Wenningstedt, ein Gang=grab der jüngeren Steinzeit mit einer dreimal fünf Meter großen Kammer, die wertvolle Tiefstichkeramik barg. Wer heute in dieses geöffnete Grab hineinsteigt, wird sich wundern, wie Steinzeit=menschen den etwa zwanzig Tonnen schweren Deckstein bewegen konnten. In denselben Zeitabschnitt gehören (neben anderen An=lagen) der *Harhoog* auf dem Keitum=Kliff und der *Mittelmarsch=*Hoog oder „Modjes Keller" hinter dem Archsumer Außendeich. Obgleich Sylt besonders in der *Bronzezeit* (1800 bis 600 v. Chr.) und der *Kaiserzeit* (200 v. Chr. bis 200 n. Chr.) recht dicht besiedelt ge=wesen sein muß, können wir heute nur mutmaßen, daß wahrschein=lich westgermanische Völkerschaften die weit über vierhundert Grab=hügel errichtet haben, aus denen uns wertvollste Funde an Waffen, Geräten, Schmuck und Keramik, wie sie das *Keitumer Heimat=museum* ausstellt, überkommen sind. Zusammen mit zweiundneun=zig Grabhügeln der *Wikingerzeit* (800 bis 1100 n. Chr.) prägen sie das Gesicht der Sylter Landschaft, wie es besonders im Heidegebiet des Morsumkliffs augenfällig wird. In diese für Sylt bedeutungs=volle Zeit fallen der Bau der großen *Burg bei Tinnum*, die mit ein=hundertzehn Metern Durchmesser und acht Metern Höhe wie ein riesiger Napfkuchen aussieht, und die Errichtung des *Tipkenhoogs* als Wachtturm für den Keitumer Hafen. Wikingerzeitlich sind auch die beiden Münzfunde von List und Westerland mit zusammen fast siebenhundertfünfzig Geldstücken.

Historischer Rückblick

Als bedeutendstes Ereignis der Sylter Geschichte ist wohl die Zu=wanderung der Südfriesen aus den Stammländern an der Rhein=

mündung anzusehen. Sie kamen auf uralten Handelswegen zwischen 700 und 800 n. Chr. herüber und begannen als Nordfriesen im Feuer der Wikingerzeit eine eigene Geschichte. Ubbo, der Friese, ist der Sagenheld dieser Zeit.

Was vor dieser Einwanderungszeit liegt, ist verdunkelt. Nur die *Völkerwanderung* begegnet uns in der Mitte des 5. Jahrhunderts mit dem Durchzug der Angelsachsen nach England (Hengist und Horsa). Ein fast vollständig entvölkertes Gebiet als Folgeerschei= nung wartet dann über zweihundert Jahre auf Neubesiedlung. Unter *Knut dem Großen*, Wikinger=König von Dänemark, Eng= land und Norwegen (1018 bis 1035), faßte das Christentum auch auf Sylt Fuß. Neben den heidnischen Wodan=Hügeln entstanden bis 1240 die schweren romanischen Kirchenfestungen von Keitum und Morsum, erstere mit ihrem frühgotischen Turm besonders für den Seefahrer das Wahrzeichen der Insel.

Mit dem Niedergang des dänischen Königtums und der Ermordung König Abels (1252) löst sich die Bindung Sylts an Dänemark; und nach hundertjährigen heftigen Machtkämpfen schließen sich die sieben friesischen Utland=Harden nach besonderer Bestätigung ihrer Rechte und Freiheiten 1426 den Holsteinern an, ohne damit dänische Übergriffe verhindern zu können.

Die *Pest*, in der alle Inselorte fast ausstarben (1350), und die ver= heerenden *Sturmfluten* von 1354 und 1362 fallen vernichtend zwischen die politischen Machtkämpfe. Erst mit Errichtung der *Personalunion* zwischen Schleswig=Holstein und Dänemark (1460) wird die Zugehörigkeit Sylts endgültig geklärt: Es untersteht mit dem Amte Tondern dem Herzog von Schleswig und dem Grafen von Holstein, der als Christian I. zugleich König von Dänemark ist. Trotz erneuter Bestätigung der *friesischen Freiheitsbriefe* kommt es schon 1470 bis 1479 zu schweren Eingriffen, als das Amt Tondern dem grausamen Pogwisch unterstellt wird, der Steuersäumigen Nasen und Ohren herunterschneiden läßt. In dieser Zeit blüht in der Nordsee die Seeräuberei, und neben *Micheel* und *Störtebecker* scheint der Sylter Fischer *Pidder Lüng* mit seiner Parole „Lewer duad üs Slaav" eine nicht unbedeutende Rolle gespielt zu haben, die besonders die Sage herauszustellen weiß.

Ohne Schwierigkeiten setzt sich im 16. Jahrhundert die Reformation durch, und dann gibt es neben *Blütezeiten der Schiffahrt* immer wieder heftige wirtschaftlich=politische Rückschläge, die durch die indirekte Bindung der Insel an das dänische Königshaus bedingt sind, bis nach dem Zusammenbruch Dänemarks unter der englischen Kontinentalsperre (1809) die wirtschaftlichen Notzeiten ein anderes politisches Konzept verlangten: Der Sylter *Uwe Jens Lornsen* († 1838) forderte für seine Heimat Schleswig=Holstein Verfassung und Freiheit. Seine Ideen führten zum *Schleswig=Holsteinischen Aufstand*, der zwar 1851 zusammenbrach, als deutsche Sache aber 1864 zugunsten Preußens entschieden wurde, das 1867 die Regierungs= geschäfte auf Sylt übernahm.

Mit großer Mehrheit erhielt das *Plebiszit* vom 14. März 1920 der Insel Sylt die Zugehörigkeit zu Deutschland. Während des letzten Krieges wurde der Westerländer Flugplatz über den gesamten Mittelteil der Insel ausgebaut. Von wesentlichen Kriegsschäden blieb Sylt verschont. Heute gehört die Insel zum Kreis Südtondern des selbständigen Bundeslandes Schleswig=Holstein.

Kulturgut und Brauchtum

Die geographisch und politisch exponierte Lage Sylts schuf durch die Jahrhunderte friesischer Stammeskunde einen besonderen Menschentyp, der mit gleicher Zähigkeit gegen das Meer und für sein Volkstum zu kämpfen gewohnt ist. Eigene Sprache, eigene Gesetze, eigene Sitten und Bräuche kennzeichnen noch heute diese Menschen, die sich in der *Söl'ring Foriining* zusammengeschlossen haben.

Ursprünglich lebendige Sprache auf der ganzen Insel, im Laufe des vorigen Jahrhunderts zur Schriftsprache mit eigener Rechtschreibung aufgewachsen, mehrfach in die Dichtung eingegangen und regel= mäßig in den Heimatzeitungen zu finden, verflacht die schöne friesische Mundart heute unter der Einwirkung des Plattdeutschen und Hochdeutschen, obgleich alles versucht wird, sie zu erhalten. Als Höchstes fordert der Friese das *Recht auf Freiheit*. Über die eingewanderten Südfriesen ist dieses karolingische Privileg — nachweislich eine Fälschung — auf die Nordfriesen überkommen und in geschickt genutzten politischen Händeln zu einem wirklichen Recht erhoben worden, der berühmten *Sieben=Harden=Beliebung* von 1426. Sie war in der Folge die Rechtsgrundlage für alle freien Versamm= lungen, wie sie dreimal jährlich auf den Sylter Thinghügeln ab= gehalten wurden. Mit Beginn des 19. Jahrhunderts wurden die Ver= anstaltungen in das „Landschaftliche Haus" in Keitum verlegt, wo

46

Die modernen Heilkuranlagen Westerlands: Direkt auf der Düne und unmittelbar in der Brandungszone des Meeres wurde die Kurliegehalle erbaut (oben). Eine Innenaufnahme (unten) des angrenzenden Kurbadehauses, an das sich wiederum nach Osten die kürzlich errichtete größte Schlickbadeanstalt des Kontinents anschließt.

Tanz und Spiel im Inselsommer: Kurhaus-Casino Spielbank Westerland (oben) und eine Aufnahme vom Intern. Westerländer Amateur-Tanzturnier (unten).

die *zwölf Ratmänner* und die *„Sechsmänner"* zum letzten Male 1867 zusammenkamen, um die Inselgeschäfte an die Preußische Kreis=verwaltung abzugeben.

Die Zivilisation hat mit ihren Vermassungstendenzen auch die un=zähligen Sylter Volksbräuche abgeschliffen, die vor hundert Jahren durchaus noch den Lauf des Lebens von der Geburt bis zur Be=stattung bestimmten, die in Handel und Wirtschaft den Insulanern begleiteten und dem Gemeinschaftsleben ihre Gesetze gaben. Auch die schönen alten *Trachten* mit ihrem Schmuck verschwanden.

Aber noch werfen die Kinder ihre *Ostereier* in die Luft, noch ver=anstalten die Dörfer ihr jährliches *Ringreiten*, noch ziehen zur *Jahreswende* vermummte Gestalten umher, den Teufel mit Lärm auszutreiben, und noch immer grüßen Reiter zum neuen Jahre. Mit außerordentlicher Beteiligung der gesamten insularen Bevölkerung aber feiert der Friese am 21. und 22. Februar *Biikebrennen* und *Petritag* als s e i n Fest, das letzthin zur Zusammenschau alles Ver=lorenen wird. Ursprünglich Wodan=Opfer, später Ruf zum Thing und Feuergruß für die abfahrenden Sylter Schiffer, ist das von den Konfirmanden inszenierte Freudenfeuer heute Bekenntnis aller Sylter zu ihrer friesischen Heimat.

Als Heimstätte dieses eigenständigen Brauchtums begegnet uns in allen Dörfern das *Friesenhaus*, teilweise über zweihundert Jahre alt, entstanden aus dem Bauwillen des Menschen gegen den Wider= stand der Witterung. Im Anfang unserer Zeitrechnung hüttenähnlich aus Soden oder lehmbeworfenem Geflecht errichtet, gewann es be= sonders in den reichen Zeiten der Seefahrt seine schöne lang= gezogene Giebelgestalt; auf Ständern gebaut, die das Dach sicher trugen, auch dann, wenn Wassersnot die Wände fortriß; Stallung und Wohnung unter dem warmen Strohdach vereinigt; der Dach= first mit Soden „bespickt". Schöne Türen mit Messingbeschlägen verraten den Reichtum, der besonders in den reizvollen Fliesen= wänden der Innenräume seinen Niederschlag findet.

Durch die niedrigen Fenster mit den kleinen Scheiben fällt das Licht auf den alten Hausrat, den Beilegeofen, die Wandschränke mit wertvollem Geschirr, die stilechten Möbel, die Truhe, die kostbare Wanduhr und die Seemannsrequisiten, die nirgends fehlen.

Friesische Seefahrt

Zu allen Zeiten haben die seefahrenden Berufe einen breiten Raum eingenommen. Schon alte Sagen berichten davon, daß in den Som= mermonaten keine Männer auf der Insel anzutreffen waren, weil sie der Seefahrt oblagen. *Küstenfischerei, Heringsfang* (15. Jahr= hundert), *Walfang* (17. Jahrhundert) und *„Große Fahrt"* im Dienste Hamburger, Kopenhagener und Amsterdamer Reedereien (17. und 18. Jahrhundert) kennzeichnen die Vergangenheit, in der Sylter Kapitäne und Steuerleute berühmt waren. Die derzeitigen Häfen von Keitum, Munkmarsch und List (Königshafen) sind jetzt ver= schlickt. Neue Anlagen in List und Hörnum haben ihre Aufgaben übernommen und dienen der Küstenfischerei, besonders, seit Hör= num nach dem Kriege den evakuierten Helgoländern die Heimat ersetzte.

Der 1854 in Westerland angelegte *Friedhof für Heimatlose*, der die namenlosen Toten des Meeres aufnimmt, die für einhundertfünf= unddreißig Jahre im Strandprotokoll verzeichneten zweihundertzwei Strandungen an Sylts Küste und das furchtbare Schmackschiff= unglück von 1744, bei dem vierundachtzig Sylter den Tod vor dem Roten Kliff fanden, legen Zeugnis ab von den Gefahren des See= mannsberufes. Mit modernsten navigatorischen Mitteln versucht der Mensch ihnen zu begegnen. Doch auch die großen *Leuchttürme* von Kampen (fünfunddreißig Meter hoch) und von Hörnum und die beiden Feuer auf dem Ellenbogen werfen ihre Lichtkennungen oft vergeblich, denn immer wieder kommen die seetüchtigen Boote der *„Deutschen Gesellschaft zur Rettung Schiffbrüchiger"* zum Einsatz.

In früheren Zeiten soll der *Strandraub* ein einträgliches Geschäft gewesen sein, und nur mit Mühe wurden die Strandvögte im 17. und 18. Jahrhundert des dunklen Treibens Herr. Den alten Syltern aber mag diese Vergangenheit noch im Blute stecken, denn wenn das Meer rollt, dann findet man sie Ausschau haltend am Strande; nicht um einer Holzplanke willen, sondern um teilzuhaben am Strandgeschehen, das zwischen Sturm und Dünen, zwischen Brandung und Sand den Menschen läutert, ihm das Herz weit macht und den Verstand klar — ganz im Sinne des friesischen Wahlspruchs: Rüm Hart — klaar Kiming!

Wellenbrecher Sylt

Wissenschaft und Technik

im Dienst des Sylter Küstenschutzes

Wer Sylt schon mehrfach besucht hat, wird die alte Seenotstelle im Norden Westerlands noch kennen, die in der Januar=Sturmflut 1954 im Meer versank (heute ist sie durch einen modernen Neubau ersetzt). Ebenso wird ihm das vierstöckige Gebäude des „Hotel zum Kronprinzen" bei Wenningstedt bekannt sein, das 1905 rund fünfzig Meter hinter der damaligen Düne erbaut wurde, 1954 aber schon unmittelbar an der Steilkante des Roten Kliffs stand, so daß es ab= gebrochen werden mußte. Ferner deuten bei sehr tiefen Strandlagen gelegentlich alte Kulturspuren darauf hin, daß das Gebiet des heuti= gen Strandes einst bewohnt und beackert wurde und die Strand= düne damals folglich viel weiter westlich lag. Südlich von Wester= land und vor Rantum sind unmittelbar am Flutsaum alter Acker= boden, Brunnen= und Häuserreste beobachtet und photographiert worden.

An der Westküste Sylts versanken Eidum, Alt=Rantum und der auf historischen Karten eingezeichnete Hafen von Wenningstedt in den Sturmfluten der Jahre 1300, 1354, 1362 und 1436. Im Wattenmeer findet man neben den Resten ehemaliger Wälder zahlreiche Pflug= spuren, Brunnenringe und Wege. Deichreste in den Gemarkungen Archsum und Morsum berichten von der verheerenden Oktoberflut 1634, in der der Sylter Deich an fünf Stellen brach. Seitdem über= schwemmte jede größere Flut das Marschland im Osten der Insel und riß tiefe Wehlen auf. Erst dreihundert Jahre später, nämlich 1937, bekam Sylt wieder einen Deich, der jetzt den Nössekoog um= schließt. Dem Koogdeich angelehnt, verläuft der „Beckendeich" in großem Bogen nach Rantum. Er schirmt das als Seeflughafen gebaute und zur Zeit überwiegend trockenliegende Becken gegen die Ge= zeiten ab.

Durch Messungen wurde festgestellt, daß die Sylter Westküste in den letzten einhundertzweiundsechzig Jahren im Durchschnitt um rund zweihundert Meter zurückwich (vor dem West=Ellenbogen sogar um etwa siebenhundert Meter), während sich die Insel nach

Norden um etwa vierhundert Meter und nach Süden um rund tausend Meter verlängerte.

Aufmerksamen Beobachtern wird es nicht entgangen sein, daß der Badestrand auch seine Höhenlage häufig ändert und daß die Wellen an der Wasserlinie oft regelrechte Strandwälle aus Sand aufwerfen; vor dem Westerländer Musikpavillon wurde an einem Punkt inner= halb von zwei Tagen eine Höhenänderung von 2,60 Metern ge= messen.

Wellenkräfte und Strömungen

Welche Kräfte sind es nun, die besonders an der Westküste diese er= heblichen Küstenabbrüche und Strandveränderungen bewirken? Im Gebiet des rund fünfundzwanzig Kilometer langen Mittelteils von Sylt bilden die Wellen die Hauptursache, während an den Insel= enden noch die Strömungen durch Ebbe und Flut hinzutreten. Vor dem Mittelteil sind bei normalem Wetter die Strömungen so klein, daß man zu jeder Tages= und auch Nachtzeit baden kann; erst wenn die Wellen höher als etwa fünfundsiebzig Zentimeter werden, ist ein Hinausschwimmen gefährlich, weil dann durch die branden= den Wellen starke Strömungen entstehen.

Die Wellenkräfte wirken bei Sturmfluten etwa zweihundertmal so stark wie bei ruhigem Wetter; man kann sich davon nur eine Vor= stellung machen, wenn man selbst erlebt hat, mit welch elemen= tarer Wucht dann die Brecher auf den Strand stürzen. Vor Wester= land wurden auf dem Meeresboden so gewaltige Wellenstöße ge= messen, wie sie eine schwere Dampfwalze erzeugen würde, wenn sie aus einem Meter Höhe herunterfällt.

Auf Sylt sind Sie jedoch trotz der exponierten Lage weitaus ge= sicherter gegen Katastrophen=Sturmfluten, als an der Westküste von Schleswig=Holstein, da die Insel mit ihrem festen Sockel bis zu dreißig Metern ansteigt, während die Festlands=Marschen bei Sturm= fluten immer tiefer als der Wasserspiegel liegen.

Buhnen und Uferbefestigungen

Es bedarf keiner Erklärung, daß der Küstenschutz=Ingenieur auf Sylt angesichts dieser Naturgewalten einen schweren Stand hat.

Die ältesten massiven Schutz=
bauten gehen auf die Zeit um
1870 zurück. Damals errichte=
te man die ersten Buhnen aus
Holzpfählen; einige der „Ve=
teranen" aus der Zeit vor 1900
sind auch heute noch als Reste
vorhanden. Durch die Buhnen
soll ein Abtransport des San=
des längs der Küste gehemmt
werden. Als bautechnisch
zweckmäßigste Art hat sich
nach jahrzehntelangen Bemü=
hungen die heute übliche Be=
tonbuhne erwiesen.

Auch an der Wattenmeerkü=
ste in der Keitumer Bucht hat man sich in den letzten Jahren
durch die Anlage von Lahnungen gegen drohende Uferabbrüche ge=
schützt. Besonders das stark gefährdete, landschaftlich schöne
Keitumer Kliff wurde gesichert.

Nachdem um 1900 der „Blanke Hans" bis in bedrohliche Nähe des
Westerländer Stadtrandes vorgedrungen war, begann man — zu=
nächst von privater Seite aus — mit dem Bau der Westerländer
Strandmauer und Kurpromenade, die vom Marschenbauamt Husum
(das die für den Küstenschutz notwendigen Bau= und Forschungs=
arbeiten durchführt) bis 1924 auf rund achthundert Meter verlän=
gert wurde. Heute ist die Kurpromenade die „Gute Stube"
Westerlands.

Nach mehreren bedrohlichen Sturmfluten wurde eine weitere Ver=
längerung nach Norden durch ein schräges Deckwerk mit Basalt=
pflasterung notwendig, so daß heute der Westerländer Stadtrand
auf rund tausendfünfhundert Metern Länge geschützt ist. Die nörd=
lichen zweihundert Meter sind zur Wellenbremsung besonders rauh
gestaltet und stellen zur Zeit das modernste und wirkungsvollste
Deckwerk an der deutschen Nordseeküste dar.

Am Ellenbogen wurde 1938 aus militärischen Gründen eine Strecke
von 2,2 Kilometern ebenfalls durch ein schräges Deckwerk befestigt,
wovon jedoch inzwischen ein Drittel wieder zerstört ist. Ein Anhalt
für die Baukosten: Für jeden Meter dieses Deckwerks könnte man
einen Volkswagen kaufen.

Neben der Anlage von massiven Befestigungen wird eine intensive Dünenpflege betrieben. Der im oberen Teil des Strandes gepflanzte Strandhafer wirkt hier als Sandfänger und begünstigt die Bildung eines ausgeglichenen Dünenhanges. Dabei kann und soll der vor der Düne angesammelte Sand nicht den Sturmfluten trotzen, sondern nur für eine gewisse Zeit die Wellen von der eigentlichen Düne abhalten. Es handelt sich also gewissermaßen um eine „hinhaltende Verteidigung".

Übrigens haben auch Sie als Besucher der Insel hier eine Möglichkeit, sich in den Dienst des Küstenschutzes zu stellen: Schonen Sie bitte die Halmpflanzungen. Sie helfen dadurch, das Ferienparadies Sylt zu erhalten.

*

Schließlich soll noch von einer anderen Erscheinung die Rede sein, die von großer Bedeutung für den Schutz der Insel und auch von Interesse für einen guten Schwimmer ist: Gemeint ist das Sandriff, das sich in Form einer rund hundert Meter breiten Sandbank in einem Uferabstand von etwa dreihundert bis vierhundert Metern vor der gesamten Westküste hinzieht. Das Riff wird durch Wellen aufgeworfen und weist zahlreiche Lücken auf. Die einzelnen Riffkörper ändern ständig ihre Größe und ihre Lage. Über diesem Riff ist bei Niedrigwasser (d. h. beim tiefsten Wasserstand gegen Ende der Ebbe) häufig nur eine Wassertiefe von ein bis zwei Metern vorhanden, so daß man dort stehen kann, während der Meeresboden weiter landwärts vier bis fünf Meter unter Wasser liegt. Man erkennt das Riff daran, daß bei hohen Wellen oder bei niedrigen Wasserständen auf seinem Rücken die Wellen brechen. Bei Sturmfluten vernichtet das Riff einen Teil der Wellenenergie, so daß die Zerstörungen am Strand gemindert werden; daher stehen diese gratis von der Natur gelieferten Wellenbrecher unter ständiger Kontrolle.

*

Wer Sylt besucht, befindet sich auf „kostbarem" Boden. Seit 1870 wurden, wenn man den heutigen Wert der jeweiligen Baukosten zugrundelegt, rund einhundert Millionen DM für den Küstenschutz

der Insel ausgegeben. Diese erheblichen Aufwendungen sind not=
wendig, da einerseits Sylt einen wirksamen Wellenbrecher für das
hinter ihm liegende Festland bildet und andererseits die Insel selbst
dieses Schutzes bedarf; ist sie doch mit ihrem prachtvollen Sand=
strand und ihrer für die deutsche Küste einzigartigen Brandung
jährlich das Ziel von weit über hunderttausend erholungsuchenden
Menschen.

Im Norden und Süden der Insel: Luftbild von Hörnum mit Hafen und Leuchtturm (oben) und rethgedeckte Pensionshäuser in List, in unmittelbarer Nachbarschaft der grandiosen Dünenwelt.

Aus dem Familienbad Wenningstedt-Braderup: Im Westen das steile Kliff, der Burgenstrand, die frische Brandung und die Kurpromenade mit herrlichem Rundblick (oben) und im Osten das stille und idyllische Friesendorf am Wattenmeer (unten).

TEIL 3

URLAUBSGESTALTUNG
UND
SAISONPROGRAMM

Unversehens wachsen die Wanderbeine

Spaziergänge, Wanderungen,

Sehenswürdigkeiten,

Autoausflüge und Seefahrten

Eine Insel voller Absonderlichkeiten. Still=verträumte Friesendorf=Winkel und die buntbelebte Heiterkeit des Kurortes vertragen sich prächtig mit=einander. Wenige Schritte führen aus anmutigen Bezirken hinaus in he=roische Landschaften voller Glanz und Größe. Noch in ihren Mondein=samkeiten birgt sie zärtliche Frühlingsinseln. Licht und Morgen=frische hart neben Zonen fast dräuender Urnatur. Das wäre nichts für Sie? S i e freuen sich vielmehr auf wochenlanges Nichtstun? — Nun, d a s ist just die rechte Vorbedingung, um dies zauberhafte Insel=Paradies bis hin zu seiner fernsten Küste zu durchforschen. Denn auf Sylt wachsen die Wanderbeine unversehens. Niemand liegt hier lange nichtsnutz in Sonne und Seewind. Ehe man's ge=dacht, kribbelt es in allen Gliedern: Man atmet tief, die Luft schmeckt prickelnd wie Champagnerwein; schon ist die böse Unruhe der großen Stadt, sind alle faulen Pläne vergessen; frisch und voller Tatendrang bricht man auf — das Abenteuer der Sylt=Eroberung hat begonnen.

Vier Sylter Landschaften

Strand — Dünen — Wiesen — Watt

Immer führt der erste Weg am *Strand* entlang, der zwischen Bran=dungsufer und Dünensaum endlos in die Ferne schwingt, bis zur Lister Ellenbogen=Huk im Norden, bis Hörnum=Odde im Süden. Am schönsten läuft es sich bei fallendem Wasser auf feuchtem Sand=grund; im Bereich der schneeweiß gischtenden Wellenzungen, die nach jedem Stürzen der gläsernen Brandungswände auf den Strand hochschwappen, um dann rauschend, quirlend und zischend wieder zu verlöschen.

Einmal kommt eine Uferbank, an der die glasgrünen Wogengebirge mit den weißen Kronen in breiterer Kette anrollen, und sie werfen sich noch höher hinauf zum brausenden Brandungsschlag, — wie wär's hier mit einem fröhlichen Katzbalge=Bad?

Erfrischt schreiten wir weiter. In einem milchig=matten (von zartem Meerwasser=Nebel durchsprühten) und dennoch zauberhaft hellen Licht. Vorbei an Burgenstränden und an den Samoa=Gefilden der Mit=nichts=an=Sonnenanbeter, und doch immer wieder allein mit dem Harfen des Windes, dem zänkischen Schrei der Möwen.

Schon längst haben wir einen Bambusstecken in der Hand, mit dem wir sandverwehtes Strandgut umdrehen und untersuchen. Gerüm= pel, das grobe Stürme hoch auf den Strand warfen: Wrackholz, eine Kabinentür aus Mahagoni, eine Boje, korkbestecktes Netzgezause. Und das lustige Allerlei, das sich am Flutsaum unter den Büscheln des Blasentangs verbirgt: Sandflöhe hüpfen herum; winzige Taschenkrebse drohen mit den klitzekleinen Scheren; pfenniggroße Seesterne krabbeln mit den Ärmchen. Schneckenhäuser in zierlichen Formen; Muscheln, rosigrot, zitronengelb und perlmuttbunt; die blanken, schwarzbraunen Vierzipfel=Eikapseln der Rochen.

Eine Mixed=Pickles=Flasche aus himmelblauem Glas, das der Wind mattschliff — prächtige Vase für eine blaßrote Rose! Eine netz= umsponnene dunkelgrüne Glaskugel, die alles heiter=verzerrt widerspiegelt. Und dort, ein kleines feuergold=leuchtendes Stein= chen — ein Stück Bernstein!

*

Unvermittelt neben der Klarheit dieses Strandes erhebt sich die ver= wirrende, die wunderfremde Welt der *Dünen*. Der Wind, der die türkisgrünen Wogenberge gegen die weite Sylter Küste treibt, hat auch dieses Gebirge aus glitzerndem Sand aufgetürmt: kleine und große Dünen, ein bizarres Gedrängel, aber alle im gleichen Rhyth= mus aufgeschichtet, in gleicher Richtung wandernd.

Schritt für Schritt kämpfen wir uns, immer wieder abrutschend (die winterfaulen Waden schmerzen schon!), auf die Höhe hinauf. Bis wir dann zwischen den Schöpfen üppig wuchernden Strand= roggens auf der großen Wanderdüne im Listland stehen.

Ein feierliches Bild, erhaben und unvergeßlich: in der Ferne die mit Gischtkronen betupfte See, davor die ersten Dünenketten, immer höher heranschwingend, und im Vordergrund eine gewaltige Mulde mit feinem Riffelgrund, durch die der Westenwind den Sand bis zu uns hinaufbläst. — Drüben dann (hinter uns, in Wind=Lee, wo die Körner zu Boden fallen!) der Steilabfall — dort „rollt" die Düne landeinwärts. Sie fraß und frißt dabei, was ihr in den Weg kommt: Häuser, Kirchen, ganze Dörfer und — kleine und große Dünen.
Sie erstickt mit ihrem Sand auch die moorigen Gründe, graue, grüne, torfbraune Senken, Frühlingsinseln voll eifrigen Sprießens, die wie kleine Botanische Gärten in der Sonne schmoren.

$*$

Zaubergarten, Niemandsland, Allesglück der *Wattwiesen*: Blaßblaue, rosablaue, lilaleuchtende Blumenbeete, ganze Teppiche, unüberseh= bar blühende Matten von Halligflieder. Der Wermut zeichnet mit seinem weichen, filzigen Fiederlaub silbergraue Muster in diesen Blütengrund; an den Prielkanten bildet er sogar eine eigene Rasen= decke. Sein herbes Duften, die Honigsüße der Staticen und der wunderwürzige Ruch des Wattenufers mischen sich zu betörendem Wohlgeruch.
Tief schneiden zur Flutzeit die schmalen Gräben in das Land ein. Ein kleines Flüßchen narrt den eiligen Wanderer mit neckischen Schleifen. Man kann diese Wässerchen selbst bei Ebbe schwer durchwaten; ihr schlickiger Grund ist mit Muschelschalen durchsetzt, die die Füße jämmerlich zerschneiden können. Wer zu springen versucht, fällt dann manchmal der Länge nach hinein in den oliv= grünen Sammet des Schlicks, weil die mergeligen Uferkanten glatt sind wie Seife.
Aber niemand hat's eilig hier — irgendwie und irgendwo wird man auf federndem Steig schon wieder hinausfinden aus dem blühenden Irrgarten mit seinem weitverzweigten Prielgeäder. Über dem ge= ruhsamen Wanderer tönt das Querren der Möwen, das neckende Kiwiiit der Kiebitze mit der Federkrone; mit schmetterndem Tirili steigen die Lerchen in den Himmel; die meckernden Bekassinen schießen wunderliche Schnörkel unter den Wolken.
Bei Rantum, bei Keitum oder bei Kampen kommt man am bequem= sten heran an diese Wattwiesen; südlich von Archsum und Morsum sind sie am unberührtesten.

Und zum vierten: ein Loblied aufs *Wattenwandern*. Der fröhlich geriffelte Meeresgrund, der sich im Takt der Tiden abwechselnd der Sonne öffnet und wieder von der Salzsee überschwemmt wird, er verführt auf wundersame Weise zum freien Ausschreiten. Inmitten einer amphibischen Landschaft voll herber Frische springt und läuft der Wattenwanderer in Sonne und Seewind, er patscht mit den Barfüßen in hundert Pfützen hinein, stapft durch Seegras und Schlick, watet durch die Priele und freut sich mit allen Sinnen der Meerluft, der Brise, der Sonne, der Salzwasserduschen und des Daseins.

Was gibt es da doch alles zu entdecken: Seegraswiesen, Muschel=bänke, ein Bootswrack, dessen Planken mit blauen Miesmuscheln überwuchert sind, Seesterne in prächtigen Farben, Taschenkrebse von Format, die schon kräftig zwicken, und, festgesogen an einer teerigen Bohle, ein paar kleine Seerosen.

Und wieder ein Priel — Teufel, was war das? Da flutschte was unter dem Fuß weg! Bist du auf eine Scholle getreten, die sich in den Sand eingebuddelt hatte? Nun versuchst du natürlich, bei diesem „Butt=Pedden" auch einmal Beute zu machen! Besser geht's natür=lich, wenn man ein kleines Schiebenetz mit hinausnimmt, um die bunte Tierwelt der Priele einmal in aller Gemächlichkeit zu unter=suchen . . .

Schön ist der Weg von Rantum übers Watt nach Hörnum, immer von Landnase zu Landnase, nahe der Küste. Leicht sind die Watten auch bei Munkmarsch und bei Keitum zu erreichen; dort gibt es Führer, die mit den mancherlei Geheimnissen ihrer ungewöhnlichen Welt wohlvertraut sind.

Wie fährt man über die Insel?

Inselbahn — Privatauto — Busrundfahrt

Vier Herzkammern der Sylter Landschaft haben wir vorgestellt. Es war nur ein flüchtiger Blick auf das Glück, das sie schenken. Sie alle grenzen an bewohnte Bezirke, und sie haben alle auch ihre großartigen fernen Einsamkeiten. Muß man ihre Schönheit allein auf Schusters Rappen oder Barfüßen erwandern? — Keinesfalls, Sylt ist verkehrsmäßig bis in seine letzten Bereiche allerbestens erschlossen:

Da ist vor allem die Inselbahn, die sich
auf neuzeitliche Schienenbusse umstellte.
Etwa fünfzehn Zugpaare täglich bringen
den Feriengast über die Heide, durch die
Dünen, nach dem Inselnorden und ihrem
Süden. Die schnellsten Züge brauchen
von Westerland nur achtzehn Minuten
nach List und zweiundzwanzig nach Hör=
num.

Genau so rasch und bequem erreicht
der Kraftfahrer jede Stelle der lan=
gen Insel im eigenen Wagen: Längs der Schienen führen seit
dem Kriege Beton= oder Asphaltstraßen mitten durch die schönsten
Dünenlandschaften. Wo sie der Westküste nahekommen, gibt es
Parkplätze und vielfach einen Strandabschnitt, an dem kaum jemals
das Badezeug naß wird ...

Wer sich von allem einmal einen ersten Überblick verschaffen
möchte, der steige am besten um 14 Uhr zur Inselrundfahrt der
Sylter Verkehrsgesellschaft in Westerland ein. Für Gruppenrund=
fahrten stehen auch Kleinbus=Unternehmen zur Verfügung.

Bei solcher Inselreise sollte man allerdings immer eine Syltkarte
mit sich führen (am besten die sehr gute und preiswerte Karte
1 : 30 000 des Landesvermessungsamtes Schleswig=Holstein), um sich
alles das anzukreuzen, was später einmal erwandert werden soll.
Denn *nicht* dem Blitzrundfahrer schenkt die Insel ihre verschwiege=
nen Reize, sondern nur *dem*, der sich ihr behutsam nähert!

Winke für Wanderungen

1. Stille Wege ab Westerland:

Dürfen wir noch ein paar Winke mit auf den Weg geben? — Zu=
nächst für den Kernbereich der Insel, Wanderwege, fernab von
Motorenlärm und =dunst, ab Westerland:
Hinter dem Kurbadehaus nach *Norden*, immer auf dem letzten Weg
hart hinter den Dünen. Nach etwa fünfzehn Minuten lohnt ein Ab=
stecher landeinwärts: Hier liegt Westerlands kuschelverfilztes
Hauswäldchen, der vor sechzig Jahren angelegte Friedrichshain, in
dem Föhrenduft sich wohltuend mit dem Meeres=Aroma mischt.

Nochmals zwanzig Minuten weiter, vorbei an der Nordseeklinik, und man steht schon auf der hohen Kommandobrücke von Wenning=stedt, auf der Höhe des grandiosen Roten Kliffs.

Nach *Süden*: Zum Bahnhof der Bundesbahn, vor den Schienen der Kleinbahn rechts ab, an der Gasanstalt vorbei. Dann, die Schienen querend, den ersten Weg links in die Wiesen hinein. Nach etwa fünfundzwanzig Minuten stößt man im Süden auf den Tinnum=Deich. Man folgt ihm zwischen Watt und Wiesen nach Osten oder biegt über den „Beckendeich" nach Rantum ab.

Kürzer ist ein Weg am „Friedhof der Heimatlosen" und am bunten Treiben des Campingplatzes vorbei, auf dem man nach fünfund=zwanzig Minuten auf eine verlassene Vogelkoje trifft; sie wurde angelegt auf einer uralten Stätte für den Sonnenkult.

Nach *Osten*: Wieder an der Gasanstalt vorbei, diesmal aber vor dem Tinnum=Deich links abschwenken. Kiebitzschreie und Lerchen=jubel begleiten den Wanderer auf dem schönen Feldweg, der südlich von Tinnum zwischen Prielwassern und Hünengräbern in leichtem Hin und Her nach Keitum führt.

2. Durch den Inselnorden:

In Wenningstedt muß man den Denghoog sehen, den prächtigen Gangbau eines freigelegten Hünengrabes. Und sicherlich bleibt noch Zeit für eine Teestunde bei den gastfreundlichen Kunsthandwerkern im Witthüs, bei denen man gern auch einen Blick in Webstube und Töpferei werfen darf. Natürlich gehören zum Wenningstedt=Besuch auch ein Spaziergang auf dem hohen Saum des Roten Kliffs und ein Abstecher ins reizvolle Friesendorf Braderup am Weißen Kliff.

Je nach Lust und Laune mag der Wanderer nun am Brandungsrand, auf der „aussichtsreichen" Kliff=Höhe, über die mit den dottergelben Sternen der Arnika besteckte Heide oder auf den von Grasnelken gesäumten federnden Steigen am Wattenufer nordwärts wandern in den Bereich des Künstlerdorfs Kampen. Er kommt vorbei an Hünengrabhügeln und am hohen Grab des Friesenkönigs Bröns. Er sieht den ragenden Leuchtturm „Rotes Kliff", dessen Feuer der Schiffahrt seit hundert Jahren dienen. Vielleicht steigt er auch süd=lich vom Kurhaus Kampen auf die zweiundfünfzig Meter hohe Uwe=Düne hinauf, die höchste Erhebung der Insel, von der aus man einen großartigen Blick auf das zwischen zwei Meeren liegende, malerisch über die Heidehügel gestreute Dorf hat.

Kampen kann auch Ausgangspunkt für alle Wanderwege in den einsamen und hier und dort sogar wilden Norden der Insel sein. Immer noch hat man die Wahl: entweder am Wattenufer entlang, vorbei an Föhrengebüsch und an der reizvollen Wildnis der Vogel=koje, einer Entenfangstätte vergangener Tage, in der einmal 25 000 Wildenten jährlich gefangen wurden, oder aber am freien West=strand, der von Kampen aus noch runde zwölf Kilometer weiterführt. Ganz gleich, auf welcher Seite man wandert — irgendwo wird man in die Herzbezirke des Listlands vorstoßen und seine weithin leuch=tende große Wanderdüne besteigen.

Das neue List und seine alten Strohdachhäuser, sein Hafen mit der nördlichsten Hafenbar Deutschlands, seine Wattwiesen und der weite Ellenbogen, der den Königshafen schützend umfaßt, bieten viel an interessantem Erleben und Wege, bei denen die Beine schon ein paar Tage Dünen=Übung hinter sich haben sollten.

3. Im Ostteil Sylts:

Hier ist Keitum das Ziel aller Ziele, das schönste der Friesendörfer, das im Schutz grüner Baumgruppen und Gebüsche am Wattenrand der Insel=Geest liegt. Für Keitum braucht es mindestens einen Tag (es brauchte eigentlich eine Woche und noch viel mehr!). Man sollte zunächst einmal mit aller Schlenderfreude die stillen, grünüber=schatteten Dorfwege gehen. Viele der malerischen Friesenhäuser sind uns gastlich geöffnet: man grüßt uns freundlich, wenn wir beim Kupferschmied, bei der Weberin, beim Töpfer einmal auf Amboß, Webstuhl und kreisende Töpferscheibe schauen.

Das „Altfriesische Haus" muß man sehen und das Sylter Heimat=museum, die beide viel wertvolles friesisches Kulturgut aus früheren Zeiten bewahren. Von wieviel Schmuckfreude zeugt doch der „Pesel" mit den Delfter Kachelwänden, dem Beilegeofen mit den ein=gegossenen Bildern, dem Kannebord mit den Zinngefäßen und den niederländischen Porzellanen. Auch St. Severin, die mächtige Friesen=kirche mit ihren von krausen Mauerankern übersäten Wänden, lohnt den Besuch.

Wer weiter nach Osten wandern mag, gelangt am nördlichen Wattenmeer über die Schafweiden (man nennt diese häufig über=fluteten Wiesen hier „Anwachs"), oder an der Südseite am Nösse=deich entlang, oder aber mitten durch das grüne Marschenland auf verschlungenen Wegen über Archsum in das weitverstreute Bauern=

Kampener Atmosphäre: Das Strandparadies abseits der Straße und jeglichen Betriebes (oben) und die weitverstreuten Pensionshäuser auf der Kampener Heide.

Zwei Insel-Schwestern: Rantum, das schnell aufgeblühte Feriendorf in den Dünen (oben) und Keitum, das schönste aller Friesendörfer, das Grüne Herz der Insel (unten).

dorf Morsum. Die alte schlichte Morsumer Kirche, das romantische Naturschutzgebiet Munkehoi, und vor allem die bucklige Heidewelt von Nösse mit dem geologisch höchst interessanten Morsum=Kliff sind die empfehlenswerten Besuchsplätze im östlichen Zipfel Sylts.

4. In den Sylter Süden:

Dieser längste und schmalste Halbinsel=Zipfel Sylts ist stellenweise nur achthundert Meter breit. Ist's nicht beinahe vermessen, sich bei Sturmflut auf diese schmale Landbrücke hinauszuwagen? Hier winken weite Wege, selbst wenn man die Südwanderung erst in Rantum beginnt, dem reizvollen Dorf, das dreimal neu aufgebaut werden mußte, weil Dorf und Kirche dreimal von den Wanderdünen gefressen wurden. Die Siedlungsspuren des ältesten Dorfes tauchen bei anhaltendem Ostwind und Niptide gelegentlich am Weststrand drüben aus den Fluten auf.

Am raschesten kommt man vorwärts, wenn man übers Watt nach Hörnum läuft, immer die Buchten abschneidend. Der Budersand, die große Ostdüne Hörnums, bildet eine unverkennbare Wege= marke. Das lustige Hörnum mit dem Fischerhafen, in dem auch der Bäderdampfer anlegt, mit Ausblick auf die Nachbarinseln, dem rotweißen hohen Leuchtturm und seinen schneeweißen Häuserreihen gehört zu den nettesten Bädern auf Sylt. Und machen Sie den Weg um die Südspitze der Insel. Der ständigen Veränderungen unter= worfene Strand ist breit und weich wie Sammet, die Dünenwelt urhaft und wild.

Fahrten in See

Wer das Salzwasser während der Ferien täglich vor Augen hat, möchte auch einmal weiter hinausfahren, als das auf dem Rücken eines Gummi=Badekrokodils möglich ist. Gelegenheit zu solchen Ausflügen bieten alle Inselhäfen.

Ab List unternimmt man mit Motor= oder Segelkuttern Fahrten in See; man besucht die Seehundsbänke und freut sich über das possierliche Treiben der Robben; man fährt zum Wellenreiten oder zum Makrelen=Angeln — das Gerät wird gestellt. Und wie wär's mit einem Ausflug nach Dänemark? Täglich fährt ein elegantes Bötchen zum reizenden Hoyer hinüber; drüben besteht Gelegenheit

zu einer Autobusfahrt durch das südliche Dänemark. Eine Boots=
fahrt zur Nachbarinsel Röm — eine weitere Ausflugsmöglichkeit
ab List.

Auch ab Munkmarsch und Keitum fährt man per Boot ins Watten=
meer hinaus. Am vielseitigsten aber sind wohl die Möglichkeiten,
die Hörnum bietet. Neben Fahrten nach Föhr und Amrum und in
den einsamen, in aller Welt einmaligen Archipel der Halligen winkt
auch noch ein Tagesausflug mit einem neuen Seebäderdampfer
der Hapag=Hadag nach der roten Felseninsel Helgoland.

*

Dies war nun ein kleiner Überblick über die Ausflugsmöglichkeiten,
in Stichworten gewissermaßen. Er soll dem Sylter Feriengast als
erster Anhalt dienen. Richtig kennenlernen aber wird er diese ab=
sonderliche Insel nur, *wenn er sich selbst auf die Beine macht*, um
ihre unsagbare stille Schönheit frohgemut zu erwandern.

Beglückt wird er dabei spüren: „Unruhe" solcher Art reibt nicht auf,
sondern erquickt aus tiefstem Grunde, zumal überall und immer
die Zeit für ein erfrischendes Bad oder eine behaglich=faule Stunde
in einer Dünenmulde oder am Wiesenrand bleibt.

Bade in Sonne und Seewind und spaziere dich kerngesund — auf Sylt!

Friesenkeks und Sylter Welle

Gastronomie und Gastfreundschaft auf Sylt

Sylt besitzt eine Gastronomie eigener Prägung. Der Ferien= gast, der über den Hinden= burgdamm oder mit dem See= bäderschiff auf die Insel kommt, spürt bald die behag= liche, unkonventionelle Atmo= sphäre, die dem weltoffenen Wesen der Friesen entspricht. Wer von den Strandhallen in List, Wenningstedt und We= sterland über die stets beweg= te Wasserfläche der Nordsee schaut oder in den gepflegten Landgaststätten in Kampen und Keitum geruhsam beim Eiergrog sitzt, der spürt, es ist etwas Besonderes, bei den Insel= friesen zu Gast zu sein. Mit der Aufgabe, den Menschen, die auf die Insel kommen, Freude und neue Lebenskraft zu bringen, ist seit jeher auf Sylt eine zweite verbunden: die Pflege der Gastlichkeit. In den Gaststätten einer Landschaft offenbaren sich Sinnesrichtungen und Lebensgewohnheiten der einheimischen Be= völkerung. Typisch ist auf Sylt die Verbindung des Alten, Traditio= nellen mit dem Jungen, Modernen. So hängt über dem Eingang eines rethgedeckten Gasthofes noch eine bunte, ehemals an den Strand gespülte Gallionsfigur. Andererseits gibt es moderne Milch= bars, in denen der Kurgast im Badeanzug sein Tellergericht essen kann.

Die Sylter Hotelküche

Schon am Bahnhof von Westerland empfangen den Gast bei seiner Ankunft zwei vorzügliche Restaurants, im „Hotel Kiefer" und wenige Schritte weiter in dem seit Generationen gerühmten „Hotel Stadt Hamburg". Bei Kiefer gibt es im Keller eine kleine Sensation. Die Gäste, die der Juniorchef Karl=Heinz hinuntergeleitet, können sich unten in einem einige Tausend Liter fassenden Aquarium den Hummer aussuchen, den sie später verzehren möchten. Erinnern Sie sich noch des strohhutfressenden Hummers Agamemnon aus dem Film „Das Haus in Montevideo"? Er träumt hier vom vergangenen Ruhm als Filmstar.

Wer einen Riesenhunger hat, sollte unbedingt einmal ins „Hotel Stadt Hamburg" gehen und dort einen „Hamburger Topf" bestellen. Unsere Großväter haben ihn dort schon gegessen. Sehr bekannt ist auch Stadt Hamburgs selbstgeräucherter Lachs. Hotelier Hans Hentzschel, der die alten Gaststuben dieses Hauses in den letzten Jahren stilvoll dem heutigen Zeitgeschmack anpaßte, empfiehlt ihn besonders.

In Wenningstedt hört man viel Gutes über die Küche des „Hotel Hammerich". Spezialität des Hauses, von der Familie Windel den Stammgästen liebevoll zubereitet, ist das Halligbrot: Toast mit Butter und frischen Nordseekrabben, darüber ein Spiegelei.

Auch in Kampen gibt es zwei Hotels mit einer Küche internationalen Formats, im „Kurhaus Kampen" und in dem vor einigen Jahren von einem Hamburger Hotelier erbauten „Waltershof". Reiterstübchen und Reiterbar im Kampener Kurhaus gehören zu den gemütlichsten Gaststätten der Insel. Jeder wird gern an der „Hufeisenbar", die Frau Netty Nann, die Inhaberin des Kurhauses, und der Münchener Walter von Breuning besonders hübsch gestaltet haben, den erfrischenden Reitercocktail genießen. Theodor Walter vom Waltershof führte erstmalig für seine Gäste ein „Abessinien=Frühstück" ein und ergänzte es durch einen Paradies=Cocktail.

Friesische Landgasthöfe

Das „Rote Kliff" in Kampen, seit Generationen ein Treffpunkt prominenter Künstler und Wissenschaftler, hat diesen Charakter auch in der Gegenwart bewahrt. Noch heute geben der Kreis der Gäste und die Auswahl gastronomischer Spezialitäten dem Lokal das Gepräge. Äußerlich gehört es schon in die Reihe der friesischen Landgasthöfe mit den tief herabgezogenen Rethdächern und ihren spitzen Giebeln; ebenso wie „Rantum=Inge" südlich von Westerland, auch eine der ältesten Gaststätten der Insel. Auffallend ist, daß die eichenen Balken der Gaststube des weißen Friesenhauses am Ran= tumer Wattenmeer stark gebogen sind. Dies geschah nicht unter der Last des Alters oder etwa wegen allzu abenteuerlicher Seefahrer= geschichten, die in diesem Raume erzählt wurden; es sind vielmehr Decksbalken gestrandeter Schiffe aus früheren Jahrhunderten. Ran= tum=Inges Spezialität ist übrigens ein Filetsteak à la Inge mit Salz= kartoffeln. In Westerland versetzt uns die „Altfriesische Weinstube", obwohl erst vor einem halben Jahrhundert erbaut, in die Atmosphäre des alten Sylt. Einrichtung und Raumschmuck erinnern an die goldene Zeit der friesischen Seefahrer im 17. und 18. Jahrhundert, die Blüte= zeit der Insel. Die Küche der Weinstube ist ein Mekka für Fein= schmecker. Wer eine „Seezunge auf großer Fahrt", eine Kombi= nation dieses Königs der Plattfische mit einem Ragout aus Hum= merfleisch und Champignon, mit Spargelspitzen und Trüffeln, garniert mit gebackenen Austern, gegessen hat, wird dieses stets gern bestätigen.

Krickenten und Pfeifenten, besondere Wildentenarten, werden seit jeher auf der Insel gejagt, früher auch in den Vogelkojen gefangen. Wildentenbraten gilt als eine besondere Spezialität der nordfriesi= schen Gastronomie. Hans Gabriel vom „Landschaftlichen Haus" in Keitum schießt sie selbst für seine Gäste. Mit Rotkohl werden sie in dem alten Gasthaus serviert. Uns umgibt in diesen Räumen das alte Nordfriesland mit den niedrigen Balkendecken, den holländi= schen Wandkacheln, den Nußbaummöbeln, den Messinggeräten, alles in ein weiches Kerzenlicht getaucht.

Spezielle Fischrestaurants

Wenige Schritte weiter richtete sich in Keitum ein Fischliebhaber in einem alten Friesenhaus ein Spezialrestaurant ein. Nicht auf der Speisekarte stehen bei „Fisch=Fiete" ein Steinbutt auf Fischerart, geschmort mit Graubrot, sowie Aal grün nach Stralsund. Gerade dies sollte man bestellen, und man wird es nicht bereuen.

Wo findet man in Deutschland eine Gaststätte, bei der die Muscheln buchstäblich vor der Tür wachsen? Das gibt es in Munkmarsch, dem einstigen Fährhafen der Insel, als es noch keinen Hindenburgdamm gab. Der Wirt läßt die Muschelkulturen im Wattenmeer pflegen, und seine Frau ist besonders geübt in der Zubereitung von Muschel= gerichten. Gelobt werden auch die verschiedenen Munkmarscher Aalgerichte und die aus eigener Hälterei stammenden Hummer. Der unlängst verstorbene Senior dieses Hauses, Arthur Nann, war übrigens ein vielen Sylt=Fahrern bekannter Seehundsjäger.

Das größte Fischrestaurant der Insel finden wir in Westerland. Daniel Wischer hat eine lange Speisekarte mit allen Gerichten, die das Meer nur bieten kann. Am Tage sitzt man in einem eleganten, typischen Fischrestaurant, wie man es auch an der französischen Küste kennt; abends sollte man sich hinunter in die gemütliche Hummer=Klause begeben.

Boulevard=Cafés und Strandhallen

Die Friedrichstraße in Westerland ist der Boulevard der Insel. Vor den beiden Cafés an der Sonnenseite sitzt es sich wie auf dem Ku= Damm, der Kö oder am Jungfernstieg. Wer vor „Café Orth" oder „Café Clausen" nicht seine Tasse Kaffee getrunken und dabei auf das elegante Leben der Straße geschaut hat, lernte eine typische Nuance des Nordseebades nicht kennen. Es gibt Kurgäste, die auf der Terrasse von Orth seit zwanzig Jahren zu ganz bestimmten Stunden ihren Stammplatz haben. In beiden Cafés gibt es übrigens einen Kaffee, der über allen Zweifel erhaben ist. Und Konditor= und Bäckermeister Clausen ist der Erfinder des mit Meerwasser gebackenen Brotes. Sie können es bei ihm kaufen, und er wird sich gern mit Ihnen über dieses Spezialbrot unterhalten.

Hoch auf den Kliffs liegen die Strandhallen von List und Wenning= stedt. Für die Kurgäste dieser Badeorte sind sie der tägliche Treff= punkt, für die Besucher aus anderen Teilen der Insel angenehme Ausflugsziele. Jes Paulsen in List und Joh. Peter Petersen in Wenningstedt sind bekannt durch ihre guten Eiergrogs, die vor allem an kühlen Abenden, wenn unterhalb der Kliffs das Meer im Dunkel versinkt, in den Strandhallen gern getrunken werden. Die Westerländer Strandhalle, oberhalb der Kurpromenade gelegen, hat einen mondäneren Charakter. Achten Sie bitte einmal darauf, Sie finden dort immer eine Tanzkapelle von Format; und man tanzt zum Tee auf der Terrasse im Freien.

Wo kann man auf der Insel sonst noch Kaffee, einen Cocktail, einen Grog oder einen Fruchtsaft trinken? Da ist zum Beispiel „Nielsens Kaffeegarten" in Keitum. Er ist etwas Grundsolides, seit Generationen immer wieder gern besucht. Man sitzt unter hohen Bäumen, mit dem Blick auf das Wattenmeer, und staunt entweder über die Vielfältigkeit der Farben des Himmels und der Wasserfläche oder über die Qualität des Zitronen=Omeletts. Man sollte aber auch Frau Lenchen Nielsens Bürgermeisterkringel probieren.

In Wenningstedt trinkt man Tee, wenigstens im „Witthüs". Eine gemütliche Teestube wurde in einem der schönsten alten Friesenhäuser mit einer Töpferei und einem kleinen Kunstgewerbeladen verbunden. Eigentlich ging es umgekehrt. Die Besucher der Töpferei, die bei der Arbeit zuschauten, hielten solange aus, daß man ihnen schließlich eine Tasse Tee anbot. Die Entwicklung zur Tee=Stube ergab sich dann von selbst. Alles hat in Witthüs eine besondere Note: die selbstgebrannten Tee=Kännchen, die henkellosen Koppjes und der kräftige hausgebackene Kuchen.

Das „Gogärtchen" in Kampen hat einen ganz anderen Charakter, und wohl auch ganz andere Gäste. Es ist ein neues, modernes Friesenhaus, aber in der klassischen Form mit Rethdach, zugleich elegant und gemütlich. Ähnlich ist auch die Atmosphäre. Das Gogärtchen ist eine Kombination von Bar= und Kaffeestube, mit einem weiten Blick über die Kampener Heide, gleichzeitig jedoch auf die offene See und auf das Wattenmeer. Weiter nördlich liegt das „Café Mehne" im Mittelpunkt der Ortschaft List, dem nördlichsten Zipfel Deutschlands. Es ist eine hübsche Konditorei mit viel Blumen, daher sehr farbenfreudig, alles vereint unter einem riesigen modernen Rethdach, davor ein gemütlicher Bauerngarten. Das Gegenstück hierzu findet man an der Südspitze der Insel, in dem „Café Rüm Hart" in Hörnum. Eingerahmt von Dünen, mit einem Blick über die Ortschaft, ist es ein sehr geschmackvoll ein= gerichtetes Café mit wohltuend persönlicher Atmosphäre. Abends dagegen, wenn der Strahl des Hörnumer Leuchtturms über das Haus zieht und die Gäste sich an den brennenden Kamin zurückziehen, gibt es Eiergrogs mit Pudelmütze, eine Spezialität des Bäckermeisters Behrendsen.

Der Friedrichshain liegt am Stadtrand von Westerland. Hier resi= diert im Waldidyll Frau Erika Pless, eine bekannte Gastronomin auf Sylt. Man sagt, sie verstünde die Sylter Welle nach bewährtem Familienrezept besonders gut zu brauen. Sylter Wellen wird man in allen Gaststätten Sylts erhalten, ebenso wie die typischen Friesen= keks. Erstere allerdings in sehr unterschiedlicher Qualität und Preis= lage. Man sollte sich bei den Wellen unbedingt von den Einheimi= schen beraten lassen. Das kleine gemütliche „Waldidyll" ist auch bekannt durch seine Rote Grütze mit Milch.

Etwas anders in der Zubereitung, aber ebensogut gibt es sie auch in der Milchkurhalle an der Westerländer Strandpromenade. Milch= reis mit Butter oder mit Fruchtsauce werden in dieser beschwingten Gaststätte mit ihrer schönen Sonnenterrasse von den Badegästen, die nur einen großen Sprung vom Strandkorb herauf machen wollen, täglich in vielen hundert Portionen verzehrt. Mittags ein leichter Milch=Lunch im Bade= oder Strandanzug, dafür abends ein kräftiges, kultiviertes Essen in den schönen Insel=Gaststätten, das entspricht immer mehr der Tageseinteilung der Kurgäste.

Auch im Seenot=Restaurant, am nördlichen Ende der Strand= promenade, gibt es mittags leichte, bekömmliche Gerichte, nach= mittags Kaffee und Gebäck und abends einen Eiergrog Helgoländer Art, wie man ihn früher nur bei Pincus auf dem Unterland der roten Insel erhalten konnte. Inhaber des Seenot=Restaurants ist traditionell stets der Vormann, also der „Boss" der Rettungsstation. Seenot= schiff, Raupenschlepper und Raketenwagen befinden sich daher auch ganz in der Nähe. In ähnlich exponierter Lage, nur noch um eine Etage höher, bietet am Westerländer Zentralstrand das neu= erbaute „Café Seeblick" einen herrlichen Rundblick über das bunte und bewegte Strand= und Badeleben.

Wer durch die Insel streift, zu Fuß, mit dem Fahrrad, dem Dünen= expreß, dem Bus oder mit dem eigenen Wagen, sollte bei seinen Erkundungen den Rahmen dieses gastronomischen Abrisses mög= lichst überschreiten. Er wird noch manches Neue und für ihn Wert= volle finden. Einmal sind dem Verfasser bei seinen Schilderungen räumliche Grenzen gesetzt, dann aber gibt es gewiß manches, was er selbst noch nicht entdeckt hat.

Da liegt zum Beispiel auf dem Wege von Kampen nach List die Vogelkoje. Die einstige Fangstätte ist heute Naturschutzgebiet, dient einheimischen und fremden Vögeln als Zufluchtstätte und beher= bergt neben einer kleinen gemütlichen Gaststätte eine berühmte und wohl einmalige Eiersammlung. Auch an der Konditorei Pahl im Zentrum von Kampen sollte man nicht nur vorübergehen, sondern

Wahrzeichen von Keitum: Im Norden der 700jährige mächtige Bau der St.-Severin-
Kirche (oben) und im Süden eines der berühmtesten Sylter Hünengräber (unten).

Sylter Spezialitäten: Die Kinderheime besitzen zumeist einen eigenen Strand, der ein paradiesisches Dasein erlaubt (oben); die Freibadestrände für Erwachsene liegen an der langen Westküste jeweils in gebührender Entfernung vom Zentralstrand.

von hier aus einmal in aller Ruhe dem bunten Strom vorüber=
ziehender Feriengäste zuschauen.

Da gibt es die nördlichste Hafenbar Deutschlands, den „Knurrhahn"
am kleinen Lister Hafen, wo man einen besonders nördlichen, d. h.
steifen Flensburger Grog bekommen soll, da gibt es das „Möwen=
nest" im Hotel Möwenflug, von wo man einen schönen Ausblick
auf die dänische Küste genießt, da ist der „Müde Gustav", das
hundertjährige Lister Gasthaus mit den Fischernetzen an den
Wänden, und am gleichen Ort die „Insel", ein in die Dünen hin=
eingebautes Bunkerlokal, und die mit zahlreichen präparierten
Seevögeln und Fischen dekorierte „Strandauster".

Da sind in Westerland die „Herrenhäuser Bierstube" mit dem an=
erkannt gepflegten Bier und ihrem stilvoll angelegten Speisegarten,
das Hotel „Christianenhöhe", auf dessen Terrasse man angesichts
des sommerlichen Treibens der Friedrichstraße die halbe Nacht aus=
harren kann, die „Alte Friesenstube" mit den niedrigen Decksbalken
und der „Sylter Hahn" mit seiner originellen „Grönland=Kajüte",
da sind in Wenningstedt die immer stimmungsvolle „Schwarze Katz"
und das zur Kaffeestunde, zum Abendimbiß und zum Tanz ein=
ladende „Café Kiose", da ist die malerisch eingerichtete „Künstler=
klause" hoch oben im „Turm" von Hörnum, und da sind noch
manche andere gemütliche Gaststätten zwischen Hörnum und List
und Westerland und Morsum.

Für den Sommernachtsbummel

Eine Tradition besonderer Art besitzt in Westerland die „Baumanns=
höhle", das Hauptquartier der „Matratzenschoner". Seit Jahrzehn=
ten gibt es diesen fröhlichen Urlaubsverein mit einem Präsidenten,
einem Vereinsbanner und mit Mitgliedern in ganz Deutschland,
alles honorige Leute. Aber nicht nur sie, viele andere auch, die noch
nicht nach Hause finden, treffen sich hier, um die Spezialitäten des
Hauses, wie Hühnersuppe oder Möweneier, zu kosten und sich
daran zu stärken. Schaschlik am Spieß dagegen, gemixt mit ebenso
würzigem Kabarett, serviert im originellen „Ziegenstall" die un=
entwegte Valeska Gert bis in die frühen Morgen. Über die Kam=
pener „Kupferkanne" zu schreiben, hieße Eulen nach Athen tragen.
In den höhlenartigen Barräumen soll nach dem Willen des Initiators
dieser höchst sehenswerten Gaststätte, entweder bei Sekt oder bei
Coca=Cola, jeder nach seiner Art glücklich werden.

TTT=Läden sucht man vergebens

Shopping in den Sylter Urlaubstagen

Es gehört nun doch — seit sich die erste Boutique im Arkadengang einer Kurpromenade einnistete — für jeden von uns zur Ungezwungenheit des sommerlichen Unterwegsseins, in heiterer Gelassenheit ein wenig in netten Läden herumzustöbern und dabei auch einmal „einen kleinen Leichtsinn" zu riskieren. Aber es gibt ja Kurorte von Rang, in denen man sich völlig vergeblich nach schönen, typischen, begehrenswerten Mitbringseln umschaut; in ihren TTT=Läden — Tand, Trödel und Tinneff! — findet man oft kaum mehr als die üblichen Allerwelts=Nichtigkeiten und =Geschmacklosigkeiten. In der frischen Seeluft Westerlands sind solche verstaubten Andenken= Geschäfte zum Glück nie gediehen.

Sylter Woll=Fabrikation

Vieles aus der großen Auswahl hübscher und auch praktischer Artikel, die hier zum Kauf ausgestellt werden, ist tatsächlich auf der Insel „gewachsen" und geschaffen. Das gilt zwar nicht für die unverwüstlichen Web= und Wirkwaren aus Kamelhaar, die das in Köln beheimatete ehrwürdige Spezialhaus Salzmann anbietet (obwohl doch eigentlich eine Kamelherde die Dünen=Wüsteneien List= lands anmutig beleben würde!), aber für viele der modischen und kunstgewerblichen Wollwaren, für die alle Syltgäste sich unfehlbar schon am ersten Inseltag begeistern.
Die kräftige, fetthaltige Wolle der Inselschafe wird vor allem zu Wandbehängen und Teppichen verarbeitet. Es sind die weißen Web= teppiche, in die mit den Flocken und Strähnen aus der braunen Wolle „schwarzer Schafe" ansprechende Muster hineingewebt sind. Und auch die wundervollen gewalkten Herrenstoffe werden aus dieser Wolle gewebt.
Für die Wirkwaren jedoch, für die die Insel berühmt ist, seitdem die Seniorchefin der Firma Woll=Cords zwischen den Kriegen daran= ging, Pulls und Strickkleider bester Qualität zu schaffen, verwendet

man sehr viel feinere Wollen. Dieser Qualität und dem ausgepräg=
ten Fingerspitzengefühl in modischer Hinsicht ist es zu verdanken,
daß die Firma, die jetzt von den Söhnen geführt wird, nach dem
Kriege einen geradezu stürmischen Aufschwung nahm. Sie versorgt
heute nicht nur die Inselfilialen in den schmucken Läden und ein
Zweiggeschäft in Hamburg, sondern über den Großhandel viele
Geschäfte in Deutschland.

Kunst=Werkstätten

Auch die schöpferischen Kräfte des Kunsthandwerks suchen Freunde
unter den Gästen der Insel zu gewinnen. Sie verlassen sich nicht auf
Vitrinen oder Schaufenster (so wünschenswert diese als „Aushänge=
schild" auch sein mögen!), sondern möchten ihre Kunden lieber
persönlich kennenlernen. Sie wissen: aus solcher menschlichen Be=
rührung entwickelt sich dann eigentlich immer ein lebendiges Ge=
spräch, oft ein kleines Geschäft und manchmal sogar eine freund=
schaftliche Bindung, die über Jahrzehnte hinaus Bestand hat und
bis hin zum Kinderaustauschen in den Ferien geht.
Wohin man auch kommen mag auf Sylt, in beinahe allen Inseldörfern
sind Kunsthandwerker vieler Sparten am Wirken und Werken. Die
meisten sehen gerne Besuch bei sich. Tritt nur ein beim Töpfer,
bei der Weberin, beim Drechsler, bei der jungen Frau, unter deren
geschickten Händen das kunstvolle Gespinst leuchtenden Silber=
filigrans entsteht..., vielleicht bereitet man dir eine Tasse Tee,
auf daß es wirklich ein Werk=
stattbesuch mit innerer Muße
werde, bei dem du dir den Mut
nimmst, alles das zu fragen,
was du gerne wissen möchtest!
Sieh nur, wie lustig das Schiff=
chen im Webstuhl hin= und
herflitzt; hin und wieder nur
wird die Farbe gewechselt. Hier
entsteht ein bunter Beider=
wandstoff. Mühevoller ist die
Arbeit auf dem schweren Stuhl
dort drüben, auf dem gerade
die ersten Motive eines schönen

Bildteppichs in den einfarbigen Wolluntergrund hineinwachsen. Und wie munter dreht sich doch die Töpferscheibe mit dem nassen Tonklumpen, der sich dann unter dem Spiel der Fingerspitzen streckt und rundet zu einer schönen Vase. Es sieht so leicht aus? Vielleicht darfst du es einmal versuchen. — Ob dir ein bescheidenes Schälchen glücken wird?

Viel Freude bereitet es, das alles selbst zu erleben. Draußen auf der Heide vorm Fenster grasen die Schafe, deren Wolle hier vor dir zu einem prächtigen Teppich verarbeitet wird. Drüben am Watt wurde der Ton gegraben, der dann geschlemmt und noch gewalkt wurde, ehe er auf die Töpferscheibe kam. Und auf der anderen Seite des Weges, in dem von Steinmauern umfriedeten Blumengärtchen, steht ein Friesenmädchen, das just die gleichen Prinzeßknöpfe an der Tracht trägt, die hier kunstvoll aus kleinsten Silberteilchen aufgebaut werden.

Sind wir in List, im Witthüs von Wenningstedt oder in Keitum? Ganz gleich: Wieviel persönlicher ist doch ein Mitbringsel zur Erinnerung an die goldenen Wochen der Inselferien, das in so persönlicher Atmosphäre erworben wurde; sei es nun ein Kleidungsstück, etwas Schönes für die Wohnung daheim oder eine schmucke Brosche. Du weißt, mit welchen Gedanken der Künstler sich an die Werkbank setzte; du warst dabei, als das Stück entstand; und was du mitnimmst, wurde für dich geschaffen, und du durftest sogar besondere Wünsche äußern.

*

Schwieriger als für das muntere Volk der Kunsthandwerker ist es für die „Stillen" im Lande, den Wünschen ihrer Gäste gerecht zu werden — für Graphiker, Maler und Bildhauer. Die urtümliche Schönheit der Sylter Landschaft an sonnigen und düsteren Tagen hat viele, darunter einige der Besten, so in ihren Bann gezogen, daß sie hier ihre Wahlheimat fanden. Sie aber werken nicht mit greifbaren Dingen, mit Schafwolle, Inselton und Silberdraht — sie ringen mit inneren Gesichten. Sie versuchen, *dem* verklärte Form zu geben, was sie fanden an Licht und Wesen bei unzähligen einsamen Wegen über Heiden und Wattenrand, durch die bizarre Welt der Dünen, am Brandungsufer des Meeres. Wer zur rechten Stunde anklopft, wird auch von ihnen empfangen, zu einer Stunde im Atelier, die unvergeßlich werden kann.

Auch der unternehmungslustigste Inselwanderer, der alle Sylter Werkstätten kennt, stößt in Westerland selbst immer noch auf neue Überraschungen. Wie ganz anders wirken z. B. die Bildteppiche der Alt=Angler Kunstweberei zwischen den gediegenen alten Möbeln, dem kunstvollen Hausrat und den kupfernen und zinnernen Ge= räten, die man im Laden an der Friedrichsstraße findet. Wieviel Freude bringt das Stöbern in den mancherlei bunten Basaren. Jetzt in den Ferien hat man ja Zeit genug, sich gleich eine ganze Kollek= tion farbenprächtiger Orient=Teppiche wieder und wieder anzu= sehen.

Und was für eine Fundgrube an Fernost=Antiquitäten ist doch der Laden von China=Bohlken: Uralte chinesische Geschirre, Plastiken aus der Zeit der Streitenden Reiche, Tang=Statuetten, reizender Schmuck und frech=heitere Netsukes. Und daneben der bunte, ver= spielte Firlefanz, wie er aus dem modernen Japan importiert wird: Tassen und Kannen, schmetterlingsfarbene Kimonos, bestickte Gras= leinendecken, Schnitzwerk und Zauberkästen, Weihrauch und Schwimmblumen.

Sicherlich möchte auch niemand die Insel verlassen, ohne vorher eines jener liebenswürdigen, anmutig=zierlichen Gebilde aus Silber= filigran erstanden zu haben, typisches Erzeugnis der friesischen Silberschmiede=Werkstätten. Dünner, feiner Silberdraht, zweifach oder dreifach zu Strängen gekordelt, gewalzt, über feine Nadeln zu Spiralen gewickelt, in kleinen Stücken zu Kugeln zusammen= geschmolzen, in mühseliger Arbeit zu einem lockeren Gespinst auf= gebaut — so entsteht dieser Trachtenschmuck, Zeugnis der Kunst= fertigkeit und der Schmuckfreudigkeit der Inselfriesen. Die schön= sten dieser Stücke, die Museumswert haben, findet man bei Wegst, einem Haus, das für die Pflege dieser nordfriesischen Silber= schmiedetechnik weithin bekannt ist.

Neben den Erzeugnissen der Wollindustrie und Kunstwerkstätten, neben orientalischen und ostasiatischen Antiquitäten bietet die Ge= schäftswelt Westerlands in ihren einheimischen Betrieben und in den Filialen bedeutender deutscher Modehäuser eine besonders reichhaltige Auswahl an Artikeln der Strand= und Gesellschafts= moden. Dabei bedeutet es nun freilich das größte Glück, auf eigene Faust zu spüren und zu entdecken.

Mit oder ohne Geld — der Westerländer Modebummel lohnt sich stets.

LEBENSFREUDE — groß geschrieben!

Tanz, Spiel und Geselligkeit im Inselsommer

Natürlich sind Sie nach Sylt gekommen, um einmal richtig vom Alltag auszuspannen, um sich am Strand zu aalen, um in Luft und Wasser zu baden. Und das, was man allgemein „gesellschaftliche Veranstaltungen" nennt, nun, das haben Sie auch zu Hause. Sie sollten sich im Urlaub vielleicht gerade davon erholen?

Oder geht es Ihnen doch so: Man nimmt sich vor, für ein paar Wochen in die Einsamkeit zu flüchten, von allem und von jedem völlig abzuschalten. Und dann spürt man, daß dieses „Sich=der= Natur=hingeben" zwar sehr wohltut, daß ihm aber doch etwas — das berühmte Pünktchen auf dem i nämlich — fehlt, um es zu einer vollkommenen und deshalb nachhaltigen Erholung werden zu lassen. Dieses i=Pünktchen ist die „Gesellschaft". Hier auf Sylt, und vor allem in Westerland, weiß man das Erlebnis einer unverfälsch= ten Inselnatur und die Kur in See, Sand und Sonne mit frohem und festlichem Beisammensein am Abend zu verbinden.

Spielbank im Seewind

Westerland ist ja nicht nur der geographische Mittelpunkt der Insel, ihm gebührt auch das Prädikat, Metropole des gesellschaftlichen Lebens zu sein. Seit ihrer Gründung hat die Spielbank Westerland das Kurleben, soweit es den gesellschaftlichen Sektor betrifft, wesentlich beeinflußt. Sie wurde zum repräsentativen Treffpunkt und gab auch allen bedeutenden Ereignissen größeres Gewicht. Es ist bezeichnend für die Spielbank, daß sie sich in der Wahl ihrer Spielräume, ihrer Spielzeiten und in der sorgfältig gepflegten Ele= ganz ihres Spielbetriebes ganz in den Dienst des Sommergastes stellte. Die Einrichtung des *Kurhaus*=Casinos und des *Strand*=Casinos deuten es schon namentlich an. Ein wohltuendes Fluidum, von Meer, Sonne und Luft ausgestrahlt, bezeugt es an Ort und Stelle. Es beherrscht die Säle bis in die späte Nacht. Unverkennbar ist es ein *sommerliches* Spiel.

Das Kurhaus=Casino

Roulette und Baccara werden im Kurhaus=Casino nach internatio=
nalen Regeln gespielt, wobei sich die Croupiers in ihren Ankün=
digungen allerdings der deutschen Sprache bedienen. Der Mindest=
einsatz bei der Roulette beträgt auf alle Chancen 2 DM, die Höchst=
einsätze bewegen sich zwischen 70 DM für „Plein" und 2400 DM
für „einfache Chancen".
Wer sich ausführlicher mit Baccara beschäftigen möchte, möge sich
der von der Spielbank herausgegebenen Sonderbroschüre bedienen.

Sie können gegen Vorlage eines Reisepasses oder Personalaus=
weises Tages=, Wochenend=, Wochen=, Monats= oder Saisonkarten
für den Besuch der Spielbank lösen. Für Besucher deutscher Staats=
angehörigkeit ist ein Mindestalter von 21 Jahren vorgeschrieben,
sonst müßte man an der Rezeption mit Bedauern den Eintritt ver=
wehren. Mit einer Ausnahme allerdings: Ehefrauen dürfen in Be=
gleitung ihres eintrittsberechtigten Ehemannes die Spielbank auch
aufsuchen, wenn sie jünger sind.
Das Kurhaus=Casino ist in der Hauptsaison, die allgemein von An=
fang Juni bis Mitte September rechnet, ab 19 Uhr geöffnet. Der
erste und letzte Spieltag der Saison werden von Jahr zu Jahr be=
kanntgemacht. Und noch etwas wird Sie als Sylt=Fahrer interessieren:
Sollte sich Ihr Koffer gesträubt haben, einen Gesellschaftsanzug
aufzunehmen, ein Straßenanzug tut es auch!

Das Strand=Casino

Das Strand=Casino auf der Westerländer Kurpromenade beherbergt
die „Kleinen Spiele", die zum Teil mit der Roulette verwandt sind.
Je nach Jahreszeit kann man dort Boule, Roulca oder Cubus (letz=
teres mit drei Würfeln) spielen. Der Mindesteinsatz beträgt bei
allen Spielen im Strand=Casino 1 DM. Der Höchsteinsatz beträgt
bei Boule und Roulca (für einfache Chancen) 100 DM, bei Cubus
(für Gerade und Ungerade) 180 DM.
Das Strand=Casino beginnt seine Spielzeit im allgemeinen im
Monat Mai und dehnt sie bis in den Spätsommer aus. Hier können
Sie, sogar im Strandanzug, Ihr Spielchen schon vor dem Abend=
essen machen, nämlich ab 18 Uhr.

Nur wenigen Sommergästen wird be=
kannt sein, daß Westerland es war,
das nach dem letzten Kriege die
ersten tanzsportlichen Beziehungen
zum Ausland aufnahm. Aber alle Be=
sucher der bisherigen „Internationalen Westerländer Amateur=Tanz=
turniere" wurden überzeugt, daß hier
ein bedeutungsvoller und schon tra-
ditioneller Turnierplatz entstanden
ist. Keineswegs nur in der „Fachwelt" finden diese Turniertage eine
so starke Resonanz, der Zuspruch und das Interesse von seiten der
Kurgäste Sylts sind in einem Maße gestiegen, daß sich nunmehr der
unbestrittene Höhepunkt aller Sommerveranstaltungen heraus-
kristallisiert hat. Die gelöste Ferienstimmung schafft die rechte
Voraussetzung für einen edlen Wettstreit von höchster Ästhetik, der
durch seinen weitgespannten internationalen Rahmen und seine
kultivierte Atmosphäre einen besonderen Glanz ausstrahlt.
Ob die Teilnehmer der zwölf oder mehr Nationen nun um den
„Großen Bäderpreis von Europa" oder aber um die offizielle Europa-
meisterschaft tanzen, der Wettkampf, jeweils an zwei Tagen aus-
getragen, ist immer ausgeschrieben für die Disziplin der Standard=
tänze einerseits, umfassend den Langsamen Walzer, Tango, Quick=
step, Langsamen Foxtrott und Wiener Walzer, und andererseits für
die Disziplin der latein=amerikanischen Tänze, umfassend Tango,
Rumba, Paso doble und Samba.
Wer unmittelbar Zeuge eines solchen festlichen Turnierabends
werden möchte, der übrigens immer in die Hochsaison fällt, möge
die außerordentliche Nachfrage bedenken und um frühzeitige Platz=
reservierung besorgt sein.
Auch das Nordseebad Wenningstedt=Braderup hat seit einiger Zeit
ein großes Internationales Tanzturnier in sein Saisonprogramm
aufgenommen, dessen Schauplatz die Wenningstedter Kurhaus=
Strandhalle ist. Hier treffen sich ebenfalls alljährlich Tanzpaare der
europäischen Sonderklasse zu einem friedlichen Wettkampf, der
stets begeisterte Zuschauer anzieht.
Im Schatten dieser großen Turniere werden im Laufe der Saison
im Westerländer Kursaal, zeitweise auch in den Kurhaus=Strand=

Idealer Feriensport: Das „Rote Kliff" zwischen Wenningstedt und Kampen ist ein weltberühmes Segelflugrevier (oben); herrliche Reitpisten führen kreuz und quer durch die Insel, durch Sand, Heide und Wattwiesen (unten).

Herbst und Winter auf Sylt: Eindrucksvoll ist das Schauspiel eines Sturmtages, wenn haushohe Brecher auf die Promenade stürzen (oben); erholsame Tage bietet der klare, stille Inselwinter, der immer mehr Kurgäste anzieht (unten).

hallen Westerlands und Wenningstedts, weitere bedeutungsvolle Tanzveranstaltungen durchgeführt, die in Form von Mehr=Länder= kämpfen oder Städtekämpfen ausgezeichneten und abwechslungs= reichen Tanzsport bieten. Tanz ist ein sichtbarer und edler Aus= druck der Lebensfreude, die zum Sylter Sommer gehört wie die herzerfrischende Brandung zum Bad.

Kur=Reunion

Es ist eine bemerkenswerte Tradition um die Reunion in einem Seebad. Hier trifft sich die große Familie der Sommergäste „offi= ziell" zu Tanz und Geselligkeit. Die Kurverwaltungen benutzen diese Gelegenheit, den Kontakt zu den Gästen ihres Bades zu ver= tiefen und durch die Verpflichtung bekannter Künstler von Bühne, Funk und Film zur Geselligkeit und Unterhaltung beizutragen.
Vor allem in Westerland hat die Reunion in der Geschichte des Bades von jeher eine bedeutende Rolle gespielt. Sie findet heute regelmäßig in der Kurhausstrandhalle auf der Kurpromenade statt. Neben Westerland sind es Wenningstedt=Braderup und Kampen, die der Kur=Reunion ihre besondere Aufmerksamkeit zuwenden. Schauplatz der Kampener Reunion ist das repräsentative Kurhaus, während sich in Wenningstedt das „Kurhotel Hammerich" und die Kurhausstrandhalle in der gesellschaftlichen Betreuung der Gäste abwechseln.

Bunter Abend — lange Nacht

Wer den Urlaubsabend in stimmungsvoller Runde bei Tanz, Musik und Unterhaltung beschließen will, kommt auf Sylt immer auf seine Kosten. Er ist nicht auf die bisher genannten Gelegenheiten an= gewiesen. In allen Bädern der Insel laden zum Teil sehr originelle Gaststätten und Tanzrestaurants ein. Vom echten gemütlichen Dorf= abend bis zum modernen Kabarett der Großstadt, vom romantischen Bordfest, das wöchentlich im Hörnumer Hafen stattfindet, bis zum „Bunten Abend" mit großer Starbesetzung — in jeder Hinsicht wird den unterschiedlichen Wünschen nach Unterhaltung Rechnung ge= tragen. Und was man in seinem eigenen Bad vermissen sollte, findet man vielleicht im schnell erreichbaren Nachbarort, bestimmt aber in Westerland.

Denn auch auf diesem Gebiet, der abendlichen Unterhaltung und Zerstreuung, besitzt man in Westerland mit Abstand die meisten und vielseitigsten Möglichkeiten. Im Westerländer Kursaal folgt eine Großveranstaltung der anderen: Gastspiele berühmter Kapel=len und Chöre, Filmnachwuchs= und Schönheitskonkurrenzen, Tanz=turniere, Kabarett=Abende, die besonders beliebten großen „Bunten Abende" und vieles andere.

Neben den eleganten Tanzrestaurants, zu denen in erster Linie die „Casino=Bar", die „Kurhausstrandhalle" und das „Trocadero" zählen, findet man in Westerland zahlreiche kleinere Nachtlokale und Gaststätten, die alle auf ihre Art und jedes in seinem eigenen Stil dem gleichen Zweck des Ferienfrohsinns dienen. Wer einmal unerwarteterweise für die erste Nacht kein Quartier mehr finden sollte, kann seinen Nachtbummel ohne Schwierigkeit bis zum Sonnenaufgang oder Frühstück ausdehnen. Die „lange Nacht" in Westerland ist ein Begriff.

Stunden der Erbauung

Erholung und Erbauung sind zwei Begriffe, die dicht beieinander=
liegen. Das weiß man auch auf Sylt. Das Veranstaltungsprogramm
der Sommermonate weist deshalb — in erster Linie natürlich in
Westerland, in zunehmendem Maße aber auch in den übrigen
Badeorten — eine große Zahl zum Teil regelmäßig wiederkehrender
Darbietungen auf, die der Erbauung, man könnte auch sagen: einer
„gehobenen Unterhaltung" dienen und sehr wohl mitbestimmend
für den Erfolg einer Kur an der See sein können.

Konzertveranstaltungen

In Westerland stehen die wiederholt während der Hauptsaison im
Kurhaus=Saal stattfindenden Sinfoniekonzerte an der Spitze aller
musikalischen Darbietungen. Sie werden jeweils verbunden mit
dem Gastspiel eines bekannten Instrumental= oder Gesangssolisten.
Da Westerland außerdem seit Jahren schon ein großes Sinfonie=
Orchester für seine dreimal täglich auf der Promenade gebotene
Kurmusik verpflichtet hat, ist für alle Freunde der Unterhaltungs=
musik in reichem Maße gesorgt. Namentlich das Kurkonzert am
Spätabend in der einmaligen Atmosphäre des sinkenden Tages
und der heraufdämmernden Nacht, vor der eindrucksvollen Kulisse
des weiten Meeres und eines farbenprächtigen Sonnenuntergangs,
ist immer wieder ein Genuß ganz besonderer Art.
Kammermusikabende und Solistenkonzerte finden sich ebenfalls
regelmäßig in dem vielseitigen Westerländer Veranstaltungs=
programm. Die Strandhallen auf der Kurpromenade besitzen Kon=
zerträume, die dem intimen Charakter dieser Darbietungen gerecht
werden. Während in den übrigen Badeorten der Insel nur gelegent=
lich derartige musikalische Veranstaltungen angekündigt werden,
hat die Kurverwaltung Kampen für die Monate Juni bis September
die ständigen „Kammerkonzerte Kampen" eingerichtet, wofür jähr=
lich ein bekannter Kammerspielkreis verpflichtet wird. In dem 1956
erbauten „Kaamp=Hüs", in dem auch weitere musikalische Sonder=
veranstaltungen stattfinden, besitzt Kampen einen modernen
Konzertsaal.

Die ernste Musik ist im Kurprogramm der Insel ferner durch die etwa vierzehntägig veranstalteten Kirchenkonzerte vertreten, die in den beiden Westerländer Kirchen und in der alten St.=Severin= Kirche von Keitum einen sehr festlichen Rahmen finden. In Wester= land gibt es dazu an jedem Sonnabend den kirchlichen „Wochen= ausklang" mit Orgelmusik. Die Chormusik wird von der Kantorei St. Nicolai besonders gepflegt und ist ebenfalls im Rahmen der Kirchenkonzerte zu hören. Eine gute Chormusik wird außerdem im nördlichen List durch den „Lister Chor" geboten, der gleichfalls in der Saison mit eigenen Veranstaltungen an die Öffentlichkeit tritt. Für hervorragende Chorkonzerte sorgt im übrigen wiederum Wester= land, das seit Jahren schon die weltberühmten „Wiener Sänger= knaben" und bekannte Kosakenchöre für Großveranstaltungen verpflichtet.

Vortragsprogramm

Durch ein reichhaltiges Vortragsprogramm gibt das Nordseebad Westerland seinen Besuchern einen sehr guten Einblick in die landschaftliche und volkskundliche Eigenart der Insel. Daneben finden regelmäßige Vortragsreihen auch in Wenningstedt, Kampen und List statt. Bevorzugtes Thema ist, wie schon gesagt, die Land= schaft Sylt, die in den hervorragenden Farbaufnahmen Sylter Fotografen von vielen Seiten beleuchtet wird. Spezielle Sylt= Themen der letzten Jahre sind in diesen Vorträgen: der Kampf gegen Meer und Sturm, die Sylter Sage, das Friesentum und die hübschen, zum Hausrat eines alten Friesenhauses gehörenden „Fliesen". Glücklich ergänzt werden die Sylt=Vorträge durch die von den Kurverwaltungen Kampen und Wenningstedt veranstalte= ten sogenannten „Fotowanderungen", auf denen man gleichzeitig Sylt und die Kunst des Fotografierens kennenlernen kann, durch Ortsführungen (Westerland und Keitum) und durch Ausflüge in die Naturschutzgebiete (Volkshochschule Klappholttal).
Eine zweite Vortragsserie behandelt unterschiedliche wissenschaft= liche Fragen und allgemeinbildende Themen, denen man sich in der Muße der Urlaubstage gern einmal zuwendet. Schließlich kann man von Zeit zu Zeit auch literarische Veranstaltungen als Rezitations= abende oder Dichterlesungen auf dem Programm finden.
Ein umfangreiches, geschlossenes Vortragsprogramm bietet während

des ganzen Sommers die Volkshochschule in den Dünen von Klapp=
holttal. Behandelt werden dort fast alle Wissensgebiete: Natur=
wissenschaften, Medizin, Recht, Politik, Wirtschaft, Religion,
Philosophie, Musik, Bildende Kunst und Dichtung. Zu den Do=
zenten der Volkshochschule Klappholttal zählten in letzter Zeit
u. a. Prof. Dr. Laun, Hamburg; Prof. Dr. Mensching, Bonn; Prof.
Dr. Jankuhn, Göttingen; Prof. Dr. Ankel, Gießen; und Prof. Dr. Jor=
dan, Hamburg.

Mit wenigen Worten soll an dieser Stelle auch auf die Bedeutung
Westerlands als Tagungsort hingewiesen werden. Durch insulare
Abgeschiedenheit und ein besonderes Naturerleben ist ein vorteil=
haftes Klima für einen fruchtbaren Gedankenaustausch gegeben.
Da die Tagungen selten in die Hauptferienzeit zu fallen pflegen,
verzeichnet man die ruhigere Jahreszeit als ein weiteres Plus.
Westerland hat erst kürzlich der Entwicklung zum Tagungsort
dadurch Rechnung getragen, daß es seine Südstrandhalle voll=
kommen renovierte und ihr als „Kongreßhalle" eine neue Aufgabe
zuwies. Auch Kampen mit seinem „Kaamp=Hüs" und Wenningstedt
mit seiner „Kurhalle" bieten sich als Tagungsorte an.

Theater, Kunstschau, Museum

Seitdem das Nordfriesische Landestheater seinen Sitz von Wester=
land nach Schleswig verlegt hat, beschränken sich die Sylter Bühnen=
darbietungen zur Zeit auf die Aufführungen heimatlicher Laien=
spielgruppen, die inzwischen aber ein beachtliches Niveau erreichten
und durch die echte Darstellung historischer Verhältnisse und
insularer Lebensgewohnheiten das Interesse der Sylt=Freunde ver=
dienen. Für die „kleinen Kurgäste" gastieren allerdings in jedem
Jahr auch bekannte auswärtige „Puppentheater" und „Marionetten=
bühnen" in den Sylter Badeorten.

Kunstfreunden, besonders solchen der Malerei, kann ein Atelier=
besuch bei den zahlreichen auf der Insel beheimateten Malern
empfohlen werden. Kampen besitzt seine eigene kleine Künstler=
kolonie, aber auch in Westerland, in Keitum und in Tinnum sind
Kunstmaler zu Hause. Stark beachtet wurde die Tatsache, daß seit
einiger Zeit die Spielbank Westerland in ihren Räumen eine Kunst=
schau mit Werken zeitgenössischer moderner Malkunst und Plastik
zeigt. Der Künstlerkreis, der sich aus markanten Persönlichkeiten

zusammenzusetzen pflegt, wechselt von Jahr zu Jahr. Über weitere Kunst= oder auch kunstgewerbliche Ausstellungen, die nicht ständig gezeigt werden, informiert man sich am besten durch die Bäder=presse oder in den örtlichen Bekanntmachungen.

Wer Geschichte, Mentalität und Kultur des Friesentums aus eigener Anschauung beurteilen möchte, findet Gelegenheit dazu bei einem Besuch des auch an anderer Stelle schon genannten Heimatmuseums in Keitum, das von prähistorischen Funden bis zu den Zeugnissen der Blütezeit friesischer Kultur reichliches Anschauungsmaterial zeigt. Eine vollständige Wohnungseinrichtung mit viel interessan=tem echt friesischem Hausrat ist im „Altfriesischen Haus" in Kei=tum erhalten, das gleichfalls zur Besichtigung freigegeben ist. Auf=schlußreich sind auch die Führungen, die von Zeit zu Zeit durch das „Lorens=de=Hahn=Haus" in Westerland veranstaltet werden. Das im Westerländer Rathaus eingerichtete „Sylter Archiv" schließlich, das ständig ausgebaut wird, hat alle literarischen Quellen ge=sammelt, die dadurch jenen Inselbesuchern zugänglich gemacht wurden, die über ein bloßes Kennenlernen hinaus an der histori=schen Entwicklung Sylts, vom Schlupfwinkel sagenhafter Strand- und Seeräuber bis zur größten deutschen Bäderinsel, interessiert sind.

Feriensport für jedermann

Wer in unserer tempo= und terminreichen Zeit zur Erholung an die See fährt, hat das Ausspannen von der Berufs= oder Hausarbeit zu= meist schon dringend nötig. Oft ist die Fähigkeit des Nichtstuns oder des Bummelns nahezu verlorengegangen. Und das ist ein schlimmes Symptom! Am Anfang aller Ferientage muß daher eine echte Ent= spannung erstes Gebot sein. Wer aber einmal das unbehagliche Gefühl des Getriebenwerdens losgeworden ist und das herrliche Bewußtsein einer wirklich freien „Selbstbestimmung" wieder= gewonnen hat, bei dem stellt sich das Bedürfnis nach einer gewissen Betätigung von selbst ein. Abgesehen vom Baden und Burgenbau, von Strandlauf und Inselwanderung, gibt es für den Sylter Ferien= gast so zahlreiche Möglichkeiten, seine Muskulatur zu entkrampfen, zu kräftigen oder ihr auch nur Elastizität zu erhalten, daß gewiß für jedes Alter, für jede körperliche Konstitution und sogar für jeden Geschmack etwas dabei ist.

Kur=Gymnastik

Die Strandgymnastik gehört in den Bädern der Insel durchweg zum offiziellen Programm der Kurverwaltungen. Die Teilnahme ist für die Inhaber von Kurkarten kostenfrei. Nach Bedarf liegen in den größeren Badeorten die Gymnastikstunden für Erwachsene und Kinder zeitlich getrennt und werden durch spezielle Heilgymnastik= Kurse privater Lehrkräfte ergänzt. In Westerland besteht auch im Kurbadehaus Gelegenheit, an einer Kranken= und Heilgymnastik teilzunehmen. Über Einzelheiten, im besonderen über Ort und Zeit der Strandgymnastik, informieren Sie sich am besten bei Ihrer Kurverwaltung.

Reitsport, Tennis, Segelflug

Die zahlreichen und schönen Reitpisten auf Sylt — unmittelbar am Flutsaum des Meeres, durch die weiten Heideflächen oder über die Wattwiesen an der Ostküste — werden von allen Freunden dieser

edlen Sportart sehr geschätzt. Größere Reitställe mit gutem Pferde=
material und Reitunterricht findet man in Westerland, Wenningstedt
und Kampen. Bei rechtzeitiger Anmeldung besteht auch die Mög=
lichkeit, Privatpferde mitzubringen und in eine Pensionsstallung zu
geben. Vom Reitverein Sylt e. V. wird während der Hauptsaison
in Zusammenarbeit mit der Kurverwaltung Westerland ein zwei=
tägiges Reit=, Fahr= und Dressurturnier veranstaltet.

In Westerland hat auch der Tennissport eine besondere Pflegestätte
gefunden. Die Tennisplätze stellen die Kurverwaltung an der
Käpt'n=Christiansen=Straße und der Tennis=Club Westerland e. V.
an der Kampstraße zur Verfügung. Eine interessante Besetzung
haben immer die traditionellen, von der Kurverwaltung Westerland
veranstalteten Bäder=Tennisturniere erfahren. In der Regel findet
im Juli ein „Allgemeines Bäder=Tennisturnier" und im August ein
„Internationales Tennisturnier" statt. Der kleine Bruder des weißen
Sports, das Tischtennis, ist dagegen in den Kuranlagen der übrigen
Bäder ebenso zu Haus wie in Westerland. Neuerdings wird auf
Sylt — mit wechselndem Austragungsort — jährlich im Sommer auch
ein Bäder=Tischtennis=Turnier ausgeschrieben.

Eine große Tradition besitzt der Segelflug hier. In der ehemaligen
Segelflugschule in Wenningstedt sind Flugschüler vieler Nationen
ausgebildet worden. Über dem Roten Kliff mit seinen guten Start=
möglichkeiten und ausgezeichneten Windverhältnissen sind nicht
nur deutsche, sondern auch Weltrekorde geflogen worden. Heute

wird die Tradition von der „Gruppe Sylt" im „Deutschen Aero=
Club" fortgeführt, die in den Sommermonaten Segelflugkurse für
Kurgäste und von Zeit zu Zeit sogar größere Flugtage veranstaltet,
an denen auch Insel=Rundflüge im Motorflugzeug gestartet werden.

Wassersport

Wer statt in die Luft lieber aufs Wasser hinaus möchte, hat dazu
vor allem von List und Hörnum aus Gelegenheit. In diesen beiden
Badeorten mit ihren geschützten Häfen ist mancher Wassersport zu
Haus. Neben den Motorboots= und Segelbootsfahrten sind Wellen=
reiten, Makrelenfang und die Seehundsjagd beliebte und spezielle
Sylter Sportarten. Genauere Informationen holt man sich am besten
zuvor bei den Kurverwaltungen, zumal die Ausübung dieser Sport=
arten zum Teil jahreszeitlich bedingt ist.

Geselliger Urlaubssport

Der Vollständigkeit halber seien hier noch einige Möglichkeiten der
Urlaubsgestaltung genannt, über deren Anerkennung als „Sport"
man zwar geteilter Meinung sein könnte, die aber wegen ihres teils
geselligen teils sportlichen Charakters Erwähnung verdienen. Wenn
sich die Pläne zur Anlage eines Golfplatzes auf Sylt bis zur Stunde
noch nicht realisieren ließen, so findet man in Westerland und
Kampen immerhin schon Miniatur=Golfplätze, die ein amüsantes
Unterhaltungsspiel im Freien erlauben. Westerland als bekannter
Tanzturnierplatz bietet in seiner Tanzschule Gelegenheit zur Er=
lernung oder Vervollkommnung des Gesellschaftstanzes. Freunde
des Schachsports können an den wöchentlich stattfindenden Übungs=
abenden des Westerländer Schach=Clubs oder an den von Zeit zu
Zeit veranstalteten Schach=Turnieren teilnehmen. Und selbst die
Schützen= und Kegelbrüder unter den Sommergästen brauchen in
den Urlaubstagen auf die Ausübung ihres geliebten Haussports
nicht zu verzichten. Die örtlichen Clubs freuen sich jederzeit über
ihren Besuch.
Baden, Burgenbau, Wandern, Strandgymnastik, Heilgymnastik,
Reitsport, Tennis, Tischtennis, Segelflug, Bootsfahrten, Angeln,
Seehundsjagd, Mini=Golf, Gesellschaftstanz, Schach, Kleinkaliber=
schießen und Kegelsport — Sylter Feriensport für jedermann.

TEIL 4

DAS LEXIKON
DER INSEL

Notizen für den täglichen Gebrauch

APOTHEKEN

„Insel=Apotheke", Westerland, Friedrichstr. 17, Tel. 2110; „Nordsee=Apotheke", Westerland, Strandstr. 18, Tel. 2677. Außerhalb Westerlands örtliche Rezept=Annahme= und Auslieferungsstellen.

ÄRZTLICHE BETREUUNG

Westerland: In Westerland steht eine große Anzahl erfahrener Ärzte zur Verfügung, deren Namen= und Anschriftenverzeichnis in einer Sonder=Broschüre der Kurverwaltung enthalten ist.
Kurdirektionsarzt: Dr. med. Schütt, Westerland, Friedrichstraße 17, Fernruf 2368.

Wenningstedt: Badearzt Dr. med. Hans Ahlborn, Fernruf 2962.

Kampen: Badearzt Dr. med. Knud Ahlborn, Fernruf 2266.

List: Badearzt Dr. med. Klockenhoff, Fernruf 150.

Hörnum: Badearzt Dr. med. Klawitter, Fernruf 26.

Rantum: Badearzt Dr. Richter, Fernruf 2211.

Keitum: Ärztl. Versorgung: Dr. med. Thies Clemenz, Fernruf 2738.

AUTOGÄSTE

Beratung durch den Sylter Automobilclub (ADAC) e. V., Club=zimmer in der Kongreßhalle Westerland. Auskünfte: Hapag=Lloyd Reisebüro, Westerland, Wilhelmstraße 6 (Hotel Kiefer). Offizielles Informationsblatt: „Sylter Autogast", Sonderheft der „Kurzeitung der Insel Sylt", kostenlose Verteilung auf dem Abgangsbahnhof Niebüll und bei den Kraftfahrer=Betreuungsstellen auf Sylt. Die Beförderungszeiten und =gebühren für den Transport über den Hindenburgdamm werden u. a. in den offiziellen Fahrplänen und im „Sylter Autogast" veröffentlicht.

BANKEN:

Städtische Sparkasse Westerland, Strandstraße 1, Fernruf 3066 und 3067, mit Zweigstellen in Kampen, Wenningstedt, List, Hörnum und Rantum • *Volksbank Sylt*, Westerland, Friedrichstraße 18, Fernruf 2315 • *Schleswig=Holsteinische Westbank*, Westerland, Friedrichstraße 34, Fernruf 2163; Geschäftsst. Keitum, Fernruf 2311. Wechselstuben in allen Banken und in der Rezeption der Spielbank.

CAMPINGPLÄTZE

Westerland: Etwa 1 Kilometer südlich der Stadt an der Straße nach Rantum (DCC) und am Südausgang der Stadt, neben dem „Schützen=haus".

Kampen: Vor der Ortseinfahrt, links hinter der Tankstelle (DCC).
Hörnum: Rechts vor der Ortseinfahrt (DCC).

KINDERHEIME

Privatkinderheime: in Westerland, Wenningstedt, Kampen und List. *Soziale Kinderheime und Jugenderholungsheime:* in Wester=land, Wenningstedt, Hörnum, Rantum, Puan Klent und Klappholt=tal • *Horte für Kurgastkinder:* in Westerland, Wenningstedt und Kampen • *Jugendherberge:* in List — Möwenberg. Nähere Einzel=heiten in den Bäderprospekten und durch die Kurverwaltungen.

KIRCHEN

Ev.=luth. Kirchen in *Westerland* (St. Nicolai und Alte Dorfkirche), in *Keitum* (St. Severin), in *Morsum* (St. Martin), in *List* und *Hör=num.* Ev.=luth. „Friesenkapelle" in *Wenningstedt* und ev.=luth. Kirchenraum in *Rantum* • Kath. Kirche in *Westerland*, Käpt'n=Christiansen=Straße, Kath. Kirchenbaracke in Rantum • Die Zeiten der Gottesdienste werden in der Kurzeitung veröffentlicht. Nähere Auskünfte bei den Pfarrämtern.

KUNSTSCHAU

Kunstschau zeitgenössischer moderner Malkunst und Plastik in den Räumen der Spielbank Westerland während der Sommer-saison. Geöffnet auch außerhalb der Spielzeit von 15 bis 18 Uhr.

KRANKENHÄUSER

„Städtisches Krankenhaus" Westerland: Chefarzt Dr. med. Otto Hoins. Allgemein=Krankenhaus mit chirurgischen und internen Betten, Entbindungsstation, Infektionsstation, Telefon 2345.
„Nordseeklinik" mit Abteilung Nordsee=Sanatorium: Chefarzt Dr. med. W. Jacobsen. Klinische Abteilungen: Chirurgie, Frauen=leiden, Entbindungsstation, Innere Medizin. Telefon 2021. Ganz=jährig geöffnet.

KURTAXE

Kurtaxpflichtig sind alle Ortsfremden, die in Bädern und Kurorten der Insel Aufenthalt nehmen. Die Höhe der Kurtaxe ist unter=schiedlich entsprechend den in den Bädern gebotenen Kurleistungen und der Festlegung der Kurzeiten. Freistellungen bzw. Ermäßigun=gen für Ärzte, Studenten im klinischen Semester, für das zweite und alle weitere Familienmitglieder und für Kinder. Die Kurtax=sätze werden in den Bäderprospekten bekanntgegeben.

KURVERWALTUNGEN

Westerland: Nordstrandhalle, Strandstraße, Telefon 2305/07.
Wenningstedt: Kurhalle am Hauptstrandübergang, Telefon Wester-land 2653.
Kampen: „Kaamp=Hüs" im Ortszentrum und „Sturmhaube", Telefon Westerland 2630.

List: Gemeindehaus, Am Brünk 1, Telefon List 191.
Hörnum: Am Bahnhof Süd, später Neubau am Weststrandweg,
Telefon Hörnum 65.
Rantum: Im Gemeindehaus, Telefon Westerland 2559.
Keitum: Ortsmitte, Telefon Westerland 2760.

KURZEITUNG

„Kurzeitung der Insel Sylt", offizielles Organ aller Inselbäder, mit
Kurlisten, Veranstaltungskalender und Unterhaltungsbeiträgen.
Sonderausgaben im Frühjahr und zu Weihnachten, Sonderhefte
„Sylter Autogast" und „Hvem Hvad Hvor" (dänisch / schwedisch).
Geschäftsstelle Westerland, Nordstrandhalle, Telefon 3070.

LICHTSPIELTHEATER

Westerland: „Kurlichtspiele", Bismarckstraße 1, und „Schauburg",
Strandstraße 22, Telefon 2160.
List: „Capitol", Telefon 154.
Hörnum: „Tivoli", Telefon 45.
Keitum: „Keitumer Lichtspiele", Landschaftliches Haus,
Telefon Westerland 2840.

MUSEEN

Keitum: „Sylter Heimatmuseum" und „Altfriesisches Haus".
Westerland: „Lorens=de=Hahn=Haus", Käpt'n=Christiansen=Straße;
„Sylter Archiv", Rathaus.

POLIZEI=RUFNUMMERN

Westerland: 2111, Kriminalpolizei 2667; *Kampen:* Westerland 2700;
List: 110; *Hörnum:* 35; *Keitum:* Westerland 2484 und 2397.

POSTÄMTER=RUFNUMMERN

Westerland: 2901; *Wenningstedt:* 2901; *Kampen:* 2901; *List:* 120;
Hörnum: 20; *Rantum:* 2935; *Keitum:* 2930; *Morsum:* 20. Einteilung
der Fernsprech=Ortsnetze: Westerland (mit Wenningstedt, Kampen,
Rantum, Keitum und Tinnum); List; Hörnum; Morsum (mit Arch=
sum).
Die Postämter bitten um sofortige Bekanntgabe der Ferienadresse
nach dem Eintreffen.

REISEBÜROS

Westerland: Hapag=Lloyd Reisebüro, Wilhelmstraße 6 (Hotel Kiefer)
und Kurpromenade, Telefon 2682.
Wenningstedt: Hapag=Lloyd Reisebüro, Telefon 2688.
Kampen: Reisedienst Kampen im „Kaamp=Hüs", Telefon 2204.
List: Hapag=Lloyd Reisebüro, Telefon 135.
Hörnum: Reise= und Verkehrsbüro Springer, Telefon 01.
Rantum: Hapag=Lloyd Reisedienst=Vertretung: Horst Hülzer,
„Raan'tem Hüs", Telefon 2544.

Keitum: Hapag=Lloyd Reisedienst=Vertretung: Kaufmann Runge, Telefon 2157.

SCHULEN

In *Westerland* ein Progymnasium, eine Mittelschule und eine Volks=schule; in den übrigen Inselorten nur Volksschulen, davon in *List* eine Schule mit Aufbauzug; dänische Schulen in *Westerland, List, Hörnum* und *Keitum;* in *Westerland* außerdem eine englische Schule.

SEHENSWÜRDIGKEITEN

Denghoog, ein 4000jähriges Hünengrab in Wenningstedt. *Morsum=kliff,* berühmte prähistorische Fundstätte auf der Nösse=Halbinsel. *Rantum Becken,* größtes Seevogelschutzgebiet der Nordseeküste. *Rotes Kliff,* Steilküste mit Naturpromenade zwischen Wenningstedt und Kampen. *St.=Severin=Kirche* in Keitum, 750 Jahre alt. *Vogel=koje,* alte Wildenten=Fangstätte an der Autostraße Kampen—List. *Wanderdünen,* im Gebiet des Listlands, das von der Autostraße Kampen—List durchquert wird. *Wattenmeer,* zwischen Insel Sylt und Festland; stille Wanderwege entlang der Sylter Ostküste.

SICHERHEITSMASSNAHMEN

Für alle Bäder der Westküste: an beaufsichtigten Strandabschnitten einsatzbereite Rettungsschwimmer und Rettungsgeräte. Außerhalb dieser Strandabschnitte nur Baden auf eigene Gefahr.

SPIELBANK

Spielbank Westerland, Sommerspielzeit Mai—September; Roulette und Baccara nach internationalen Regeln im Kurhaus=Casino; Cubus, Roulca und Boule im Strand=Casino auf der Kurpromenade; nähere Auskünfte durch die Spielbank, Telefon 2303.

STRANDKORBVERMIETUNG

Westerland: Strandkorbkasse auf der Kurpromenade.
Wenningstedt: Kurhalle am Hauptstrandübergang.
Kampen: In der „Sturmhaube".
List: Kurverwaltung, Am Brünk 1.
Hörnum: Edgar Fricke, Am Weststrand.
Rantum: Am Strand beim Bademeister.

UNTERKUNFTSVERMITTLUNGEN

Westerland: Fremdenverkehrszentrage am Bahnhof, Fernruf 2828.
Wenningstedt: Verkehrsbüro im Ortszentrum, Fernruf 2753.
Kampen: Reisedienst im „Kaamp=Hüs", Fernruf 2204.
List: Reise= und Verkehrsbüro Reveli, Fernruf 156
Hörnum: Reise= und Verkehrsbüro Springer, Fernruf 01.
Rantum: Kurverwaltung, Fernruf 2559.
Keitum: Kurverwaltung, Fernruf 2760.

Alle Angaben ohne Gewähr, da Änderungen nach Redaktionsschluß möglich.

Sylt in der Literatur

Das folgende Verzeichnis stellt eine beschränkte Auswahl der sehr umfangreichen Sylt=Literatur dar. Die mit einem * versehenen Veröffentlichungen können im Buchhandel erworben werden. Einige weitere sind noch antiquarisch erhältlich. Genauere Informationen über die gesamte Sylt=Literatur vermittelt das „Sylter Archiv in Westerland" im Westerländer Rathaus. Besuchszeiten können in der Stadtverwaltung, Hauptamt, erfragt werden.

INSELNATUR UND VOLKSTUM

Becker / Gripp / Simon: „Untersuchungen über den Aufbau und die Entstehung der Insel Sylt", I. Nord=Sylt (Gripp / Simon), II. Mittel= Sylt (Gripp / Becker); Westküste, Archiv für Forschung, Technik und Verwaltung in Marsch und Wattenmeer, 2. Jahrgang, Doppel= heft 2/3, Heide 1940 *.

Borchling, C. und Muuss, R.: „Die Friesen", Breslau 1931.

Brauer / Scheffler / Weber: „Die Kunstdenkmäler des Kreises Süd= tondern", Berlin 1939.

Goebel, Ferdinand: „Sylt. Eine erste Einführung", Eckernförde 1950*. „Sylt. Vergangenheit, Gegenwart und Zukunft einer Insel", Eckern= förde 1950 *.

Hansen, C. P.: „Die nordfriesische Insel Sylt, wie sie war und wie sie ist.", Leipzig 1859. „Der Sylter Friese", Kiel 1860. „Das Schles= wig'sche Wattenmeer und die friesischen Inseln", Glogau 1865. (Weitere Werke v. C. P. Hansen in der Rubrik „Geschichte und Sage".)

Hansen, Jap P.: „Nahrung für Leselust in nordfriesischer Sprache", Westerland, 3. Auflage 1896.

Hess, W.: „Erinnerungen an Sylt", Hannover 1876.

Jensen, Christian: „Vom Dünenstrand der Nordsee und vom Wattenmeer", Schleswig 1900. „Die nordfriesischen Inseln, Föhr, Amrum, Helgoland und die Halligen vormals und jetzt", 2. Auf= lage, Lübeck 1927.

Kosch / Frieling / Friedrich: „Was find' ich am Strande?", Stutt= gart 1956 *.

Koehn, Henry: „Sylt. Eine Wanderung durch die Natur und Kultur= welt der Insel", Hamburg 1951 *. „Die Nordfriesischen Inseln", Hamburg 1954 *.

Kolumbe, Erich: „Sylt. Ein Insellesebuch", 2. Auflage, Hamburg 1953 *.

Kuckuck, Paul: „Der Strandwanderer. Die wichtigsten Strand= pflanzen, Meeresalgen und Seetiere der Nord= und Ostsee", Mün= chen 1956 *.

Möller, Boy P.: „Söl'ring Uuterbok", Hamburg 1916 (Wörterbuch der Sylter Mundart).

Müller, Friedrich: „Das Wasserwesen an der Schleswig=Holsteini= schen Nordseeküste", II. Teil Bd. 7 Sylt, Berlin 1938.

Mungard, Nann: „For Sölring Spraak en Wiis" (Sylter friesisches Wörterbuch), Westerland 1909.

Siebs, Theodor: „Sylter Lustspiele", Greifswald 1898 (mit deutscher Übersetzung).

Varges, Helene: „Flutkante und Inselflora", Neumünster 1936.

Weigelt, C.: „Die nordfriesischen Inseln vormals und jetzt", 2. Auflage, Hamburg 1873.

Wolff, Wilhelm: „Die Entstehung der Insel Sylt", 4. Auflage, Ham= burg 1938.

GESCHICHTE UND SAGE

Ball, Friedrich: „Strandungen an der Küste von Sylt", Westerland 1930.

Boie, Margarete: „Sylter Treue. Zwei Sagen von der Insel Sylt", Stuttgart 1932. (Weitere Werke von Margarete Boie in der Rubrik „Schöne Literatur".)

Hansen, C. P.: „Friesische Sagen und Erzählungen", Altona 1858. „Der Badeort Westerland auf Sylt und dessen Bewohner", Garding 1868. „Ubbo der Friese", Schleswig 1864. „Die Friesen. Szenen aus dem Leben, den Kämpfen und den Leiden der Friesen, besonders der Nordfriesen", Garding 1876. „Chronik der friesischen Uth= lande", Garding 1877. „Beiträge zu den Sagen, Sittenregeln, Rechten und der Geschichte der Nordfriesen", Deezbüll 1880. (Weitere Werke von C. P. Hansen in der Rubrik „Inselnatur und Volkstum".)

Jessen, Wilhelm: „Rantum auf Sylt", Teil I und II, Westerland 1924 und 1925. „Sylter Sagen. Nach den Schriften des Heimat= forschers C. P. Hansen", Westerland 1925 *.

Kielholt, Hans: „Silter Antiquitäten" (Zeit etwa 1435). Heraus= gegeben von N. Falck in „M. Anton Heimreichs, Nordfriesische Chro= nik", II. Teil, III. Auflage, Tondern 1819.

Ross, G.: „Das Nordseebad Westerland auf Sylt", Hamburg 1858.
Stöpel, Richard: „Geschlechter kommen und gehen. Versuch einer Geschichte Sylts", Bd. I und II, Westerland 1925/1927.

SCHÖNE LITERATUR

Boie, Margarete: „Der Sylter Hahn", Stuttgart 1925 *. „Moiken Peter Ohm", Stuttgart 1929. „Die letzten Sylter Riesen", Stuttgart 1930. „Dammbau", Stuttgart 1930 *. (Eine weitere Veröffentlichung von Margarete Boie in der Rubrik „Geschichte und Sage".)
Busch, Harald: „Inselsommer", Hamburg 1939.
Christiansen, Gondel: „Julke und Liinke, zwei Inselkinder", Oldenburg *.
Dölker=Rehder, Grete: „Eike Agena", Bleckede / Elbe 1950 *.
Heilmann, Irmgard: „Sylter Inselsommer", Rendsburg 1952 *. „Pension Dünenblick", Stuttgart 1955 *.
Laudien, H.: „Das Märchen von Sylt", 1877.
Mügge, Theodor: „Der Vogt von Sylt", Leipzig.
Penzoldt, Ernst: „Causerien", Frankfurt / Main, 1949 *.
Rodenberg, Julius: „Stilleben auf Sylt", 3. Auflage, Berlin 1876.
Schulze=Smidt: „Inge von Rantum", Coblenz 1899.

INSELFÜHRER

Ahlborn / Goebel: „Das Syltbuch", Kampen.
Funke, Fritz: „Sylt=Führer", Flensburg 1957 *.
Hansen, C. P.: „Der Fremdenführer auf der Insel Sylt", Mögel=tondern 1859.
Meyer, Carl: „Sylt in Wort und Bild", Westerland, verschiedene Auflagen, letzte Auflage vor 1930 *.

BILDBÄNDE

Bräuner, Wilma: „Sylt. Ein Bildbuch", Flensburg *.
Hansen, Hans Jürgen: „Sylt, Bäderinsel der Nordsee", Hamburg 1953 *.
Struve, Kurt: „Sonne über Sylt", Kiel 1950.

SYLT=KARTEN

Flemming Verlag: „Sylt", Maßstab 1 : 100 000 *.
Flemmings Bäderkarte: „Nordfriesische Inseln", Maßstab 1 : 100 000 *.
Hansen, C. P.: „Antiquarische Karte der Insel Sylt", Garding 1866.
Landvermessungsamt: „Sylt", Maßstab 1 : 30 000 *.

Alphabetisches Namen= und Stichwortregister

Die Ziffern bedeuten die Seiten=Nummer im „Sylt=Führer".

GESCHÄFTLICHE
EMPFEHLUNGEN

Alphabetisches Verzeichnis der Inserenten

Bundis Hoog, Braderup

Café Clausen, Westerland
Café Kiose, Wenningstedt
Café Nann, Munkmarsch
Café Orth, Westerland
Café Pahl, Kampen
Café Seeblick, Westerland
Café Vogelkoje, Kampen
Café Waldidyll, Westerland
China-Bohlken, Westerland
Christian Wolff Verlag, Flensburg

Die Widmarckt-Oeste, Wenningstedt

Fremdenheim Dr. Neumann,
   Westerland

Gasthof Königshafen, List
Gogärtchen, Kampen

Haus Berg, Kampen
Haus Friesenburg, Kampen
Haus Hammonia, Westerland
Haus Meeresblick, Westerland
Haus Monopol, Westerland
Haus Rechel, Kampen
Haus Rüm Hart, Wenningstedt
Haus Safari, Westerland
Haus Sanssouci, Westerland
Haus Solhem, Westerland
Haus Wünschmann, Westerland
Haus Württemberg, Westerland
Herrenhäuser Bierstuben, Westerland
Holsten-Brauerei, Hamburg
Hotel Dünenburg, Westerland
Hotel Kiefer, Westerland
Hotel Miramar, Westerland
Hotel Stadt Hamburg, Westerland
Hotel Waltershof, Kampen

Kinderheim An der Düne,
   Wenningstedt
Kinderkurheim Hans im Glück,
   Westerland

Kurhausstrandhalle, Wenningstedt
Kurhotel Hammerich, Wenningsedt
Kurverwaltung, Hörnum
Kurverwaltung, Rantum
Kurverwaltung, Wenningstedt
Kurverwaltung, Westerland
Kurzeitung der Insel Sylt, Westerland

Müder Gustav, List

Nordsee-Sanatorium, Westerland

Pension Dr. Mensinga, Kampen
Privatkinderheim Parva Domus,
   Westerland
Privatkinderheim Südstrand,
   Westerland
Privatkinderheim Wigwam, Kampen
Privatkinderspielkreis Tessenow,
   Westerland

Raan'tem Hüs, Rantum
Rantum Inge, Rantum
Rüm Hart, Hörnum

Schmidt, I. C., Flensburg
Spielbank, Westerland
Städtische Sparkasse, Westerland
Strandhalle, List
Strandhotel Monbijou, Westerland
Sylter Hahn, Westerland
Sylter Kinderheim, Westerland
Sylter Verkehrsgesellschaft,
   Westerland
Sylter Meerwasserverwertung,
   Westerland

Villa Roth, Westerland

Wegst, Robert, Westerland
Woll-Cords, Westerland

Zum Glückspilz, Hörnum
Zum Knurrhahn, List
Zum Roten Kliff, Kampen

ECHTER FRIESENSCHMUCK

Ein typisches Erzeugnis der inselfriesischen Silberschmiede:
Schmuckstücke, die aus gleißenden Silberfäden gesponnen
werden — Anhänger, Broschen, Knöpfe und Armreifen,
anmutig=zierliche Gebilde, kunstfertig aufgebaut nach
alten Motiven, wie sie die Inselschönen noch heute an
ihrer prächtigen Tracht tragen, oder auch nach neuzeit=
lichem Geschmack (und auf Wunsch auch in Gold!).
Solches Schmuckstück, nach eigenem Verfahren gegen den
trübenden Schwefelbeschlag geschützt, der alles Silber be=
droht, wird Ihre Begleiterin noch nach vielen Jahren an
das Glück der Sylter Ferienwochen und an das unverkenn=
bare Volkstum der Friesen erinnern. — Noch ein Tip:
Lassen Sie sich bitte auch einmal unseren Stranddistel=
Schmuck zeigen — einen Schmuck, auf den wir stolz sind!

ROBERT WEGST · WESTERLAND

Bade
dich gesund!

*Schon die alten Römer wußten um den Wert dieses guten Rates.
Obgleich es dann wieder lange dauerte, bis die moderne Medizin
sich in großem Ausmaße dieses natürlichen Mittels bedienen wollte.
Bade dich gesund! Dazu gehört nicht nur das fröhliche Tummeln
in der Brandung. Dazu gehört auch noch so manches andere. Das
war der Grund, der Westerland bewog, seinen Gästen seine Mög=
lichkeiten als Heilbad nach und nach mehr zu erschließen. Diese
Entwicklung ist noch lange nicht abgeschlossen, und doch besitzt
Westerland schon heute die modernsten Kuranlagen aller Heilbäder
an der See. Da ist zunächst die Kurliegehalle. Sie kennen sie bereits.
Und dann die neue Schlickbadeanstalt, die — sagen wir einmal: das
Tüpfelchen auf dem i ist. Denn jeder, der schon einmal die Ein=
richtungen des Kurbadehauses benutzte, wird diese Erweiterung der
Westerländer Heilanlagen begrüßen. Da stehen nun Schlickkabinen
für Vollschlick= und Seewasserbäder zur Verfügung. Nach jedem
Bad ausgiebige Ruhe. Bitte — neben jeder Schlickkabine erwarten
Sie je zwei Ruheräume. Selbstverständlich können Sie auch Schlick=
teilbäder und Schlickpackungen nehmen. Und hat Ihnen Ihr Arzt zu
Unterwassermassagen geraten oder zu Russisch=Römischen Bädern?
Auch dafür ist gesorgt. Bade dich gesund! Das Nordseeheilbad
Westerland wird keinen enttäuschen, der neben der Loslösung aus
dem zermürbenden Alltag auch Heilung sucht. Oft reicht allein schon
der längere Aufenthalt in der salzwasserhaltigen Luft, die an=
gegriffene Gesundheit wieder herzustellen. Dazu rufen die Seebäder
die körpereigenen Hilfsmittel auf den Plan. Und sollte selbst das
nicht ausreichen, sollten alle Luft=Sonnen=Bäder nichts nützen, ge=
paart mit Meerwassertrinkkuren, dann fragen Sie Ihren Arzt. Und
er wird Ihnen raten, wie Westerland Ihnen helfen kann. Bade dich
gesund! Welches Geheimnis verbirgt sich hinter dieser oft erprobten
Regel? Nichts weiter, als daß die natürlichen Mittel doch immer
noch die wirksamsten sind.*

NORDSEEHEILBAD WESTERLAND

Inter-nationale Hotels auf Sylt

HOTEL MIRAMAR
Westerland - Telefon 2036-37
Direkt am Meer

HOTEL
STADT HAMBURG
Westerland, Strandstraße 2 - Telefon 2258
100 Betten - Ganzjährig geöffnet

HOTEL KIEFER
Westerland - Telefon Sammel-Nr. 2011
Besitzer: Carl Kiefer KG
Zimmer mit Bad und Telefon, ganzjährig
geöffnet

HOTEL DÜNENBURG
Westerland - Telefon 2122
Haus ersten Ranges - 1 Minute vom Strand

STRANDHOTEL
MONBIJOU
Westerland - Telefon 2803
Gepflegter Restaurationsbetrieb
Hausprospekt

VILLA ROTH
Westerland - Telefon 2658
Hotel-Pension am Strande und neben den
Kur-Anlagen - 80 Betten

KURHAUS KAMPEN
mit »HAUS MEERESBLICK«
Besitzer: Netty Nann - Telefon 2751/52
Auf Wunsch Hausprospekt

HOTEL WALTERSHOF
Kampen - Telefon 2383 - Erbaut 1955
Besitzer: Theodor Walter
vom Continental-Hotel, Hamburg

HAUS RUNGHOLT
Kampen - Telefon 2670
Besitzer: Netty Nann
Auf Wunsch Hausprospekt

KURHOTEL
HAMMERICH
mit „Haus Sonneck" - Wenningstedt
Telefon 2293
ADAC- und AvD-Vertragshotel
Garagen und Parkplatz

HAUS WÜNSCHMANN

Hotel-Pension am Strande, unmittelbar an den Kurbadeanlagen, Telefon 2836, Zentralheizung, fließend Warm- und Kaltwasser, Hausprospekt.

HAUS MEERESBLICK

Gepflegtes Haus, eine Minute vom Strand, Kurbadeanlagen unmittelbar am Haus, Telefon 2791, fließend Warm- und Kaltwasser, Zentralheizung.

HAUS SANSSOUCI

Unmittelbar am Strand und an den Kurbadeanlagen, Tel. 2603, Zentralheizung, fließend Warm- und Kaltwasser, beste Verpflegung, auch Diät, Hausprospekt.

HAUS MONOPOL

Eine Minute vom Strand, unmittelbar an den Kurbadeanlagen, Telefon 2996, Rohkost und Diät auf Wunsch, Zentralhzg., fließend Warm- und Kaltwasser, Hausprospekt.

HAUS WÜRTTEMBERG

Bötticherstraße 4, Tel. 2865, zwei Minuten vom Strand, mit und ohne Pension, Zentralheizung, fließend Wasser.

HAUS SAFARI

Eidumweg 11, Telefon 2532, ganzjährig geöffnet, Liegehalle, beste Verpflegung, Zentralheizung, fließend Wasser.

FREMDENHEIM DR. NEUMANN

Elisabethstraße 14, Telefon 2119, Strandnähe, Zimmer mit Frühstück, Zentralhzg., fließend Warm- und Kaltwasser.

HAUS HAMMONIA

Käpt'n-Christiansen-Straße 17, Tel. 2166, Strandnähe, Vollpension, Zentralheizung, Hausprospekt.

HAUS SOLHEM

Elisabethstraße 3, Tel. 2158, nahe Strand und Kuranlagen, Zentralheizung, fließend Wasser.

Zieht euch

warm

an!

So sangen weiland schon die Wolgaschiffer. Und sie wußten, warum. Wenn tagsüber die Sonne auch noch so verlockend scheint, es kommt der Augenblick, da sind wir sehr glücklich, ein wärmendes Kleidungs= stück zur Hand zu haben. Nebenbei: Dieses „Glücksgefühl" können wir auf Sylt sogar schon dann und wann am Tage haben. Schließlich gehört der Wind hier ja mit zu den Heilmitteln. Und wenn wir daran nicht gedacht haben, als wir zu Hause in Ruhe unseren Koffer für den Aufenthalt auf der Insel packten, dann — nun, dann macht das gar nichts. Ob Sie sich nun Westerland als Ferienort ausgesucht haben oder eins der anderen Sylter Bäder, überall können Sie Ihre kleine Vergeßlichkeit leicht „ausbügeln". Denn sowohl in Wester= land wie auch in Hörnum, List, in Wenningstedt, Kampen, Rantum und Keitum hält Woll=Cords alles bereit, was Sie auch zu Hause hätten erstehen können. Darüber hinaus jedoch Kostbarkeiten in Wolle, die es in ihrer Art nur auf Sylt gibt. Überzeugen Sie sich bitte einmal davon. Selbst ein unverbindlicher Besuch ist bereits ein Gewinn. Zieht euch warm an! Ausgerechnet in Ihrem Sommerurlaub muß man Ihnen das sagen! Verzeihung, aber wir tun es nur des= halb, um Ihnen die kurzen Tage der Erholung zu einem vollkom= menen, zu einem durch nichts getrübten Genuß zu machen. Und außerdem: Sie haben doch sicher auch in diesem Jahr die Absicht, sich ein nettes Souvenir mitzunehmen, das Sie auch zu Hause noch an die schöne Zeit auf Sylt erinnert? Kann man schöne Tage aber besser zurückbeschwören als durch etwas, das einem einst während jener herrlichen Zeit nützlich war und dazu noch Freude bereitete? Sehen Sie, Ihre kleine Vergeßlichkeit beim Kofferpacken daheim war nun sogar noch ein Vorteil.

Denn hätten Sie sonst den Weg zu Woll=Cords gefunden? Sie wären an einem der vielen schönen Dinge, die Sylt zu bieten hat, vielleicht vorübergegangen, und Sie wären dann um eine Erinnerung ärmer.

W.oll-Cords

WESTERLAND

KINDER
PARADIES
SYLT

Empfehlenswerte

ganzjährig

geöffnete

Privat-

Kinderheime

Kinderkurheim
HANS IM GLÜCK

Westerland, Süderstraße 40, Telefon 2524.
Jugendleiterin: Rosemarie Endruschat
bietet das ganze Jahr 4- bis 14jährigen
Mädeln und Jungen Erholungsaufenthalt
und gibt den Eltern die Gewißheit, daß
sie ihr Kind bei liebevollster Betreuung
in guten Händen wissen.

Privat=Kinderheim
PARVA DOMUS

Westerland, Kirchenweg 30, Telefon 2594.
Leit.: Schwester Ingeborg Fröhlich-Strödel.
Ärztlich geleitet, Zentralheizung, fließend
Kalt- und Warmwasser, Bad, Dusche.

Privat=Kinderheim
SÜDSTRAND

Westerland, Bundiswung 22, Telefon 2536.
Leitung: Holec und Aßmus.
Ärztlich geleitet, kleiner Kreis, Aufnahmealter 3 bis 13 Jahre, Zentralheizung,
fließend Kalt- und Warmwasser.

SYLTER KINDERHEIM

Westerland, Telefon 2139, direkt am Meer.
Leitung: Inge und Fritz Ziegfeld.
Für Kinder von 6 bis 15 Jahren, kalte und
warme Seebäder im Hause, ganzjährig.

Kinderheim
AN DER DÜNE

Wenningstedt, Telefon 2571.
Leitung: Schwestern Annemarie Martens
und Hildegard Kather.
Zentralheizung, Aufnahmealter für Buben
und Mädel: 4 bis 12 Jahre.

Privat=Kinderheim
WIGWAM

Kampen, Telefon 2951.
Leitung: Frau Elma v. Wartenberg
und Margot Doeplitz.
Kleiner Kreis, Alter 3 bis 12 Jahre,
ganzjährig geöffnet, Hausprospekt.

PRIVAT=
KINDERSPIELKREIS

Westerland, Joh.-Möller-Straße 5.
Leitung: Frau Karla Tessenow.
Kleiner, familiärer Kreis für Kinder im
Alter von 2 bis 10 Jahren, liebevolle
Tages-Betreuung, ganzjährig geöffnet.

Atme
dich gesund!

Mit Schlagwörtern dieser Art hat es nun mal eine eigene Bewandtnis: sie nehmen es oft nicht so ganz genau und treffen doch meist mitten hinein ins Schwarze. Atme dich gesund! Das könnte auch das Nord= seesanatorium Westerland als Leitsatz wählen. Obgleich es eben= falls nicht genau wäre und auch nur einen Teil dessen umfaßt, was den Patienten sich so wohlfühlen läßt. Denn außer Asthma, Allergien, Bronchitiden und Heuschnupfen werden auch chronische Knochen= und Gelenkerkrankungen behandelt, Kreislaufstörungen, Herzschäden, Rheuma und extrapulmonale Tbc. Gute Erfolge wurden bei Erschöpfungszuständen erzielt, bei hormonellen Störungen sowie chronischen Frauenleiden. Und schließlich sind auch Fälle, die der plastischen und Wiederherstellungschirurgie bedürfen, im Nordsee= sanatorium keine Seltenheit. All das ist natürlich nicht nur mit Atmen zu machen. Da stehen deshalb auch medizinische Bäder aller Art zur Verfügung. Schlickpackungen werden verordnet, Inhalationen, Heilgymnastik, Bindegewebsmassagen, Höhensonne und Kurzwelle. Und doch spielt gerade das Atmen eine besondere Rolle. Eben weil das Nordseesanatorium dank seiner glücklichen Lage das Klima zum Heilfaktor machen kann. Vierzehn Ärzte sorgen sich um das Wohl der Patienten, außerdem selbstverständlich Fachkräfte aller Art. Zu welcher Jahreszeit Sie auch nach Sylt kommen mögen, im Nordseesanatorium herrscht stets reger Betrieb. Patienten aus allen deutschen Gauen suchen und finden hier Hilfe. Sie werden z. T. von Landesversicherungsanstalten geschickt, von Krankenkassen und Ver= sorgungsämtern. Etwa 450 Betten stehen zur Verfügung . . . Atme dich gesund! Und das vielleicht im Winter? Nun, wenn Aiolos, der Gott des Windes, mal besonders zürnt, dann brauchen Sie als Patient im Nordseesanatorium nicht das Haus zu verlassen, ob Sie nun zum Essen oder sonstwo hingehen, um sich ein wenig abzulenken. Alle Häuser sind durch unterirdische Gänge miteinander verbunden. Nichts von all diesen notwendigen modernen Einrichtungen wurde beim Bau des Sanatoriums vergessen. Denn Sylt ist ja auch — oder vielleicht gerade — außerhalb der Saison das Paradies für den Heilung suchenden Menschen . . .

NORDSEESANATORIUM WESTERLAND

HAUS RECHEL

Kampen, Telefon Westerland 2075, Besitzer Dr. med. H. Rechel. Fließend warmes und kaltes Wasser, Ölheizung.

DIE WIDMARCKT-OESTE

Wenningstedt, Telefon Westerland 2282, Privat-Pension, sehr ruhige Lage dicht am Nordstrand, Hausprospekt.

HAUS FRIESENBURG

Kampen, Telefon Westerland 2403, Besitzer Ewald Jahns. Strandnähe.

HAUS RÜM HART

und „Hilligenlei", Wenningstedt, Telefon Westerland 2288, Besitzer Emil Sobiela. Fließend warmes und kaltes Wasser, Zentralheizung, Bad, unmittelbar am Strand.

PENSION DR. MENSINGA

Kampen, Telefon Westerland 3079, Inhaber H. A. O. Gowers. Geheizte Zimmer, fließend Wasser, ärztlich geleitete Diätküche.

BUNDIS HOOG

Braderup, Telefon Westerland 3093, Besitzer Frau Klara Enss. Neu eröffnet 1957, gepflegte Räume, fließend warmes und kaltes Wasser, Brausebäder, Heizung, Teilverpflegung, herrliche Lage am Wattenmeer, verkehrsgünstig. Außerdem: „Enkos Huk", 1957 erbaute, voll ausgestattete Sommerwohnung mit Stil und Komfort, Selbstbewirtschaftung.

HAUS BERG

Kampen, Telefon Westerland 3038. 1954 gebaut, fließend warmes und kaltes Wasser, Zentralheizung, nahe dem Strand.

NORDERHOF

Kampen, Telefon Westerland 2082. In ruhiger Lage am Wattenmeer, Zentralheizung, fließend warmes und kaltes Wasser.

Ganzjährig
geöffnete
Pensionen in
Wenningstedt
Braderup
und Kampen

WENNINGSTEDT-BRADERUP

Hoch über dem Meeresspiegel liegt das behagliche und saubere Familienbad Wenningstedt, zwischen der bewegten Nordsee im Westen und dem
stillen Wattenmeer im Osten.

Am Fuß des dreißig Meter hohen Roten Kliffs gestattet der breite stein-
freie Strand ein ideales Strand- und Badeleben. Das erfrischende Bran-
dungsbad ist unabhängig von Ebbe und Flut. Der Spaziergang auf der
Kliffpromenade ist ein einzigartiges Erlebnis.

Braderup besitzt ländlichen, idyllischen Charakter. Rethgedeckte Friesenhäuser, eine echt friesische Wohnkultur, Blumen- und Obstgärten und
hübsche Wanderwege laden zum geruhsamen Ferienaufenthalt ein.

Besonders zu empfehlen sind: Frühjahrs- und Herbstkuren.

RANTUM

Friesendorf auf der südlichen
Halbinsel, in ruhiger Lage zwi-
schen der offenen See und dem
Wattenmeer.

Herrlicher, breiter Badestrand. Un-
berührte, großartige Dünenwelt.
Gute Unterbringung in gepflegten
Häusern.

Ruf: Westerland 2559

HÖRNUM

Das Nordseebad inmitten einer
urwüchsigen Dünenlandschaft; auf
drei Seiten vom Meer umgeben;
besonders schöner Badestrand.
Ankunfts- und Abfahrtshafen der
Seebäderdampfer von und nach
Hamburg über Helgoland.

Ausgangspunkt für Fahrten nach
den Inseln Amrum, Föhr und zu
den Halligen.

Neuzeitliche Unterkünfte, gemütliche Gaststätten.

Nichts
geht mehr!

*Ach, das ist ja nur so eine Redewendung, oft gedankenlos dahin-
geplappert im eintönigen Grau unseres Alltags. Es stimmt ja gar
nicht, dieses „Nichts geht mehr". Abend für Abend können wir das
Gegenteil erleben. Denn wenn der Croupier bei der Roulette gebietet
„Nichts geht mehr", dann können wir wohl nichts mehr einsetzen,
aber das ist der große, spannende Augenblick, wo es sich entscheidet,
ob unser Einsatz richtig war oder falsch. Ob wir gewonnen haben
oder verloren. — Verloren? Das gibt es ja gar nicht. Denn schon
fordert der Croupier wieder auf: „Bitte das Spiel zu machen." Und
wieder steht Fortuna im Raum. Genau wie im Leben. Immer, wenn
wir glauben, „nichts geht mehr", dann bietet sich uns eine neue
Chance. Nur daß diese Chancen in der Wirklichkeit viel seltener
sind als beim Spiel. Da können wir Gerade oder Ungerade wählen,
Rot oder Schwarz und vieles andere mehr. Wir können ganz klein
anfangen, mit 2 DM. Je nach Laune und Glück können wir das
Risiko erhöhen. Damit natürlich auch den Gewinn. Nun, vielleicht
haben Sie mit der kleinen Elfenbeinkugel nicht gar so viel im Sinn.
Wie wäre es dann mit Baccara? Denn hier brauchen Sie sich nicht
dem reinen Zufall anzuvertrauen, hier können Sie selbst entscheiden,
ob Sie doppeln wollen, bluffen, kaufen oder passen. Irgendetwas
hält das Glück dabei bestimmt für Sie bereit. Und sei es vielleicht
auch nur einmal das wohltuende Gefühl, einen schönen Abend ver-
bracht zu haben. Eventuell probieren Sie es auch einmal mit Cubus.
Dazu müßten Sie sich allerdings ins Strand=Casino bemühen. Und
falls Ihnen das Klappern der Würfel nicht zusagt: Roulca, die
spannende Karten=Roulette, ist nicht minder interessant als die
große Schwester oben in der Spielbank. Und man braucht sogar
nicht mehr als nur 1 DM zu setzen. Eigentlich sollte man über ein
Spiel nicht viele Worte verlieren. Sie treffen doch nicht den Kern
der Sache. Denn Spiel ist — genau wie Ihr ganzer Urlaub auf Sylt —
Erleben.*

SPIELBANK WESTERLAND

lohnende

AUSFLUGSZIELE

KURHAUS-STRANDHALLE WENNINGSTEDT	Restauration - Kaffee - Konditorei am Strand. Das gut bekannte Ausflugslokal der Insel
RESTAURANT U. CAFE NANN	direkt am Hafen von Munkmarsch Telefon: Westerland 2500 Spezialität Fischgerichte: Aal, Seezunge, Steinbutt, Schollen. Täglich frisch: Hummer aus eigener Hälterei, Muschelgerichte. Kaffeeterrassen mit Blick auf das stimmungsvolle Bild des Wattenmeeres
STRANDHALLE LIST	am Lister Weststrand Herrliche Lage. Einmalig schöner Ausblick auf die Lister Dünenwelt und auf das Meer
CAFE VOGELKOJE	im Naturschutzgebiet Kampen Schnellgerichte - Café - Weinstube
RANTUM INGE	die gepflegte Gaststätte am Wattenmeer. Telefon: Westerland 2249 Ganzjährig geöffneter Pensionsbetrieb
„RÜM HART"	Hörnum - Café - Pension - Weinstuben. Im malerisch gelegenen Friesenhaus hinter der hohen Düne. Konditorei. Große Auswahl an gepflegten Weinen und Bieren
„ZUM KNURRHAHN"	am Lister Hafen Die nördlichste Hafenbar Deutschlands

CAFE CLAUSEN	Über 50 Jahre - Westerlands Jahrescafé, Friedrichstr. - Tel. 2124/25 - Die gute Tasse Kaffee u. vorzügliches Gebäck. Reichhaltiges Frühstücksgedeck. An kühlen Tagen ist die Café-Terrasse infrarot beheizt. WESTERLAND
CAFE ORTH	Die bekannte Konditorei in der Friedrichstraße - Strandnähe - Telefon 2125. Reichhaltiges Frühstück ab 8 Uhr. WESTERLAND
CAFE KIOSE	Restaurant, eigene Konditorei, Bierstube. Telefon 2879 WENNINGSTEDT
GOGÄRTCHEN	Café - Weinstube - Bar Telefon 2849 KAMPEN
CAFE PAHL	Eigene Konditorei - Im Ortszentrum Inhaber Manne Pahl Telefon 2510 KAMPEN
CAFE SEEBLICK	Auf der Dünenhöhe vor dem Hauptstrand. Herrlicher Blick über Strand und Meer. WESTERLAND
CAFE WALDIDYLL	Im Westerländer Friedrichshain Spezialität: Bestgepflegte Schoppenweine »Sylter Welle« nach altem Familienrezept Weinzitronenomelett u. anderes Gebäck. WESTERLAND

Erstes europäisches Kamelhaarhaus

Hätte unsere Firma ihren Stammsitz in der Levante oder im Orient, wo man die bunten Knüpfteppiche vor den Basaren auf dem Bürgersteig ausbreitet – wahrscheinlich würden wir ein lebendes Kamel vor unserer Ladentür anbinden. Da aber die Leitung unseres Hauses seit langem im ehrwürdigen Köln beheimatet ist, müssen Sie sich mit diesem gezeichneten Kamel begnügen, das der Graphiker hier so launig auf den Westerländer Stadtplan setzte. – An dieser Ecke also haben wir jetzt neu aufgebaut, die Firma Salzmann, das älteste und Erste Haus Europas für gewebte und gewirkte Waren aus Kamelhaar. Herdenweise werden diese Zweihöcker für uns geschoren; sie liefern die leichteste und wärmendste aller Wollen. Man findet bei uns naturfarbene Kleidungsstücke, die bis zur letzten Faser aus diesem edlen Material bestehen, von der Socke bis zum Schal: federleichte Wäsche, Pulls und Sweater, Kleider und Kostüme, herrliche Mäntel – es sind Dinge, die großenteils fürs Leben halten. Bitte, besuchen Sie uns einmal – wir haben Ihnen noch viel mehr zu zeigen, als in den Fenstern Platz hat!

SALZMANN

WESTERLAND · KÖLN · MÜNCHEN

BEKANNTE
SYLTER
GAST-
STÄTTEN

HERRENHÄUSER BIERSTUBEN

Westerland, Neue Straße 1 - Telefon 2189
Gepflegte Getränke, solide Preise

SYLTER HAHN

Westerland, direkt am Strandübergang
Käpt'n-Christiansen-Straße - Telefon 3062
Restaurationsbetrieb und Café
Gepflegte Speisen und Getränke

ZUM ROTEN KLIFF

Kampen - Telefon 2465
Die Küche mit den Sylter Spezialitäten

GASTHOF KÖNIGSHAFEN

List. Das altbekannte Speiselokal in der
Nähe des Hafens

MÜDER GUSTAV

List, über hundert Jahre alter Gasthof
„Insel" - Restaurant und Bar
Leitung: Ernst Passarge

RAAN'TEM HÜS

Rantum. Inhaber: Horst Hülzer
Das Haus der guten Küche
Eigene Schlachtung
Spezialität: Brathähnchen - Konditorei

ZUM GLÜCKSPILZ

Hörnum - Telefon 50
Gaststätte am Hörnumer Hafen
Spezialitäten: Eiergrog und Sylter Welle

Das farbige Bild-Buch
hält Ihre Reise fest:

Kurt Peter Karfeld

Italien in Farben

Großformat, 52 Farbfotos, 24,— DM

Kurt Peter Karfeld

Österreich in Farben

Großformat, 52 Farbfotos, 24,— DM

Kurt Peter Karfeld

England in Farben

Großformat, 52 Farbfotos, 24,— DM

Kurt Peter Karfeld

Deutschland in Farben

Ausgabe Gesamtdeutschland
Großformat, 68 Farbfotos, 32,— DM

Ausgabe Bundesrepublik
Großformat, 52 Farbfotos, 24,— DM

In jeder guten Buchhandlung der Ferieninsel Sylt.